U0557966

不急 慢慢地

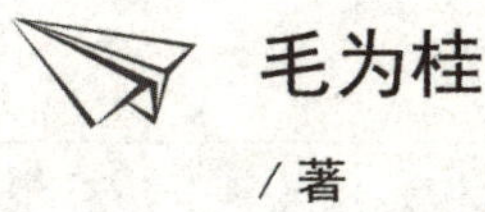

毛为桂

/ 著

图书在版编目（CIP）数据

不急，慢慢地 / 毛为桂著. —北京：中国书籍出版社，2016.9
ISBN 978-7-5068-5781-9

Ⅰ. ①不… Ⅱ. ①毛… Ⅲ. ①人生哲学—通俗读物
Ⅳ. ①B821-49

中国版本图书馆CIP数据核字（2016）第206299号

不急，慢慢地
毛为桂　著

策　　划　安玉霞
责任编辑　叶心忆
责任印制　孙马飞　马　芝
书名题字　孙晓云
封面设计　展　华
出版发行　中国书籍出版社
地　　址　北京市丰台区三路居路 97 号 (邮编：100073)
电　　话　（010）52257143（总编室）（010）52257140（发行部）
电子邮箱　chinabp@vip.sina.com
经　　销　全国新华书店
印　　刷　北京京海印刷厂
开　　本　710 毫米 ×1000 毫米　1/16
字　　数　190 千字
印　　张　15.5
版　　次　2016 年 10 月第 1 版　2016 年 10 月第 1 次印刷
书　　号　ISBN 978-7-5068-5781-9
定　　价　32.00 元

一场情感的盛宴

海　狼

继散文作品集《轻描淡写》推出仅仅两年时间，毛为桂的又一散文著作《不急，慢慢地》即将出版，可喜可贺。早在书成时，毛为桂先已预约，嘱我为序。我自知学浅不宜，又请辞不允，遂勉以一个作者和读者之名作文一篇，若有芜词失敬，请多包涵。

我一直坚持认为，美丽的风景总在每个人的眼前，伸手可触。一年四季，最贴近人类肌体、内心和情感的风光，应该是最明媚可爱的。一位真诚、勤奋的作家写出的作品，大体上多是她独特的生活经历、心灵品质、审美情趣、艺术秉赋等要素的综合展示。读每篇文章，犹若亲见作家生活种种，比如她信步去看一场花事，渡船去赏一湖春水；比如，她见闻家事国事天下事，访问亲友街坊邻里……总会有记叙与思悟。一书在手，我细品慢读，顿感敬慕。不为杂事多费神，只以清静写文章——这也是多年来与毛为桂接触下来对她生活情状的个人评介。毛为桂在行政机关任职，责任重要，其忙碌程度可想而知，但她并不因此而对文学创作存有松懈。工作之余，她把许多时间用在了写作上。可以说，这本文集凝聚了作家对南京和江宁的血缘亲情、天地乡情与生活恋情，寄托着一位作家的生命历程、写作使命和情感梦想，具有质朴自然、清新明丽、简淡清雅、委婉蕴藉的艺术风格，为广大读者深情绘画了一个民风淳良、和谐宁静、诗情流溢的城乡世界，折射出深厚凝重的文化意蕴，是对生她养她的这片山水城林在新时代的交响曲中悠扬美好的由衷吟唱和真心报答。

我所认识的毛为桂，一直都是一个很感性而灵敏的作家，她的思绪总是与丰富的形象记忆交织在一起，而不是被孤立地抽象出来沿着逻辑的轨迹发展，这使得他的作品比较丰润而不晦涩，灵动而不呆滞。《宁静以致远（心情篇）》中，她讲的是身为一个普通妇人的心情，每篇文章犹若小品，如《让我们的氛围如春风拂面》《腊月里，唤起了乡愁》等，不仅以作者之“心”与所写之“事”深融，而且主客体互动，达到“情能移境，境能移情”的极致，诙谐风趣，情注全篇，娓娓道来，从容而往。

作家冯骥才曾说过：“散文是一种自我的文学，它需要自我的发现、自我的挖掘、自我准确的表达，以及高度的文字技巧。”以此来观照毛为桂的这本书，无疑是一部成功之作。作者不只是回顾、罗列一些寻常的琐事或作枯燥刻板地表达，而是力求每篇都匠心独运，谋篇布局，以小见大，给人启迪。就我的朋友圈而言，有人将闲云装进行囊，有人将故事背负肩上，他们都在寻找那个属于心灵的原乡，可匆忙之间，却忘了来路，不知归程。而在同样的景状中，这么些年来的闲暇时光里，毛为桂似乎也是一路风尘在记忆中、在心灵里不停地出发，停顿，回望，向前，但她一如既往地清丽着、奔放着，又有了更深的修炼和升华，她的身上始终保持了一种当代作家群中已难见到的活力、勇毅、执着与拼闯，方向和旨归也都非常明确，她在赴一场时光之约，一场生命之约，一场心灵之约，一场人生价值之约。《跬步积千里（工作篇）》中，她的视角充分关注并接近普通人的心灵，领导的、同事的，自己的，她选择了用白描的笔法数十年如一日地诠释并关怀着身边人的学习人生、工作人生、生活人生和平凡人生，追忆、怀想、思恋和随感是毛为桂创作的主要内容，清凉、平静、简约、温暖的疏淡之美是她追求的主要指向。

散文是一种满含着主观意识的文体，在通过栩栩如生的形象与细节，描摹整个人寰和自然环境的时候，总是侧重于倾诉自己对于客观世界的印象、体验和领悟，这样自然就会打开作家心灵的窗户，洋溢出真挚、灼热、浓郁和深沉的情感来，从而在不知不觉之间，跟许多读者朋友进行着诚恳与亲切的对话。不急，慢慢地；你别急，慢慢来；不要急，慢慢讲……阅读中我感到整部文集流淌着深厚的爱与情，无论是写母亲、写父亲、写女儿，写朋友、写同事、写爱与被爱、写对死亡的思考，以及对自然风景的描写，始终都贯穿着呈幅射状的爱心与情悯。《且行且珍惜（家庭篇》中，作家以动人饱满的感情写了自己的家人、亲人，读来感人至深，催人泪下。尤其是《女儿北漂的日子》《父母的爱情》《妈妈的手》，为我们展现了她的生活中所亲历的心情震动、跃动与感动，作者动情动色的描述也将使这些文章堪比经典佳作。

人的一生选择什么，有时看似偶然，实则必然。从目前毛为桂创作的大量的亲情、乡情、生态以及人生感悟的散文看，我可以肯定地说，她的创作之路走得很正确，而且非常适合她。散文不同于其它文体，以再现客观生活为主的创作类型，可以大发议论，也可以抒情咏怀；以表现主观感受为主的创作类型，可以有大量情节和动人故事，然而如果没有表达出细腻或深切的主观感受，就不可能成为有魅力的散文。正是由于她掌握了散文的艺术功力，又以一名心理医生（她是国家一级心理咨询师）的独特角度发现和看待生活种种，把笔下的故事和人物融汇在一起，形成了有画面感、有音乐感、有温度感、有心理感的视听场景，让人不由自主地跟着进入时空内外的优美境地。《心安是归处（远方与诗篇）》的阅读中，我仿如有遥听笙笛、旅行时光的天籁之感，现实与梦想纠缠交织，擦碰出璀璨的焰火，腾空溅艳，精彩辉煌。《独爱古井》《致枫叶》等篇章中所流溢的空灵、愁郁、柔软，都会飞落读者的内心，泛起涟漪……好的叙事散文一定得意于细节的发现与描写。同时，它必须倾入作者的感情，而且这种感情要最大限度地与读者产生共鸣。只有这样，才能给人留下深刻的记忆，毛为桂散文好就好在她做到了叙事与抒情、心理与外在和谐共美的统一。

总体看，《不急，慢慢地》是精美散文，也是凡人自传，我可以称之为“自述体的散文”吗——恕我陋见，我觉得这本书开创了散文抑或自述的某一种新的写法了呢！我更喜欢像毛为桂这样不为名利，只为自己的爱好，积极表达对生活的看法，正确抒发人生情怀而写作的人。写作的目的是对于生活的记录和纪实，耕耘的目的在于让心灵得到欣慰，于别人可以分享道德情操，于自己可以赏心悦目。毛为桂并没有什么重要的文学头衔，她的心事里并不追求这些浮云与虚妄，她写的是自己的作品，更看重创作的快乐与文章的意义，一切都是瓜熟蒂落、水到渠成，记事生动而富有情趣，文字中流露的是真情和热爱，她笔下描述的生活气息纯净宽厚，且行文流畅，别具一格，这是十分珍贵的。我希望对她的作品给予关爱支持。她的散文语言叙述清晰细腻，质朴中蕴藏美与情，从心情篇，到工作篇，到家庭篇，到远方与诗篇，这本书分别用了宁静以致远，跬步积千里，且行且珍惜，心安是归处，做了各辑的标题和观照，显然是花费了许多心思的。当这些作者以此种纯真与热忱的情愫，去面对和投入生活的激流时，又必然会在不断的碰撞与触发中，产生出种种的哲思来。将这样由人生和宇宙的空间升腾出来的情感与哲思，融汇在自己描摹的人物形象之中，抑或笼罩于整个环境的高空，再通过优美的文字抒写成章，也就自然形成了这部独特的个人散文史、时代心灵史和变幻社会史，最后汇川纳海，回到《不急，慢慢地》这个带着浓烈个人属性的文学领域里，就很容易引起读者的关注、共鸣与喜爱了，那朵朵闪耀的浪花都是作家付出无限心血才得以实现的幸福。

这是一个有爱有梦的文本，这是一场满含情感的盛宴。不急，慢慢地，一切都自然而然，美好地登场了。同理，一个作家的成长往往伴随着漫长的光阴，但只要成长起来，就是一棵蓬勃生长的花树，并具有一种令人向往的前景。我有幸在毛为桂新书出版前写了这些话，以她的经历、才华和耐力，只要不断面向新的目标，持之以恒，臻于完善，就能写出更重要的作品，获得更大的成就，并一定会在散文的大家庭中建立自己的月桂山庄。我真心地看好她，祝愿她！

海狼，本名刘海潮，著名商人作家，媒体策划人，1988年加入中国作家协会山西分会。30年笔耕不辍，诗以载道，文以立心，出版有诗集、中长篇小说、影视剧等几十部作品计1300余万字。从事影视传媒工作，是江苏省电视艺术家协会、江苏省摄影家协会会员。现执掌南京标普文化传媒有限公司、南京标普建筑装饰工程有限公司，并担任南京海安商会秘书长，南京市企业家摄影协会执行秘书长，南京市旅游业商会副会长。

目录

CONTENTS

宁静以致远

（心情篇）

启程吧，去看望最想见的风景，
沐浴一身空气和水，多么美，
爱你永久，为你而歌。

——作者题记

三八节写给自己：不急，慢慢地

我是个急性子，一直以来还将其视为优良品质，曾听到有人评价我性子急、能干事后，对此沾沾自喜，认为是对自己的最高赞赏。

一路匆匆走来，走过幼稚、走过懵懂、走过迷茫，走到今天，走过五十多年的春夏秋冬，走到风霜染白了青丝，方才领悟到：有些路需要慢慢走，有些事需要慢慢做，有些话需要慢慢讲，有些人需要慢慢来。人生三万多个日日夜夜，日子虽匆匆，岁月仍悠悠。耳边想起长者的话：不急，慢慢地。这是发自肺腑的关心叮嘱，又是过来人用亲身的经历得出的人生告诫。

慢慢地走，才能看得到路两旁美丽的风景。早春二月的桃红柳绿，夏日的绿影婆娑，十月金秋的丹桂飘香，冬天的辽阔与高远是在慢慢走的路途中进入我们的视线，然后在心中停驻，丰饶我们的心灵。春有百花秋有月，夏有凉风冬有雪，若无闲事挂心头，便是人间好时节。之前忙学习、忙工作、忙孩子、忙家庭，步履匆匆，无心看风景。近几年，随着一切的逐步放下，得空在庭院散步，在野外放飞，才知道大自然是如此巧夺天工，特别是在春天，万物复苏，许多莫名的花儿竞相绽放，光秃秃的枝桠一夜之间会缀满了花朵，那种鲜明的色彩、那完美的姿态会让人误认为哪位巧手姑娘的人工制作，我不断地认识了玉兰、杏花、樱花、秋海棠等，心想这些花在大地上不知生长多少年，而我活到五十多岁才有幸认识她们，才捕捉到她们的天生泽丽。从绽放、盛开到凋零，我陪着她们一同走过，见证她们生命的过程，她们是我眼里的一道美丽风景，渐而变成了心里的风景。前几天读了一段话，让我有了认同感：内心有风景的女人能绽放着优雅，能握得住幸福，能懂得如何去爱，能回头一笑百媚生。

慢慢地做，才能做出精雕细琢的精品。一味地求快，就会马虎大意、粗工滥造，免不了会有瑕疵，留有遗憾。慢慢地做，就会发现问题及时修正错误，就有时间不断完善求得完美。速度与质量永远是一对矛盾，达到协同一致需要一定的境界。年轻的时候，我们急于求成，没有经过慎重思考就急于做事，常常好心办不了好事，又急于成功，常常虎头蛇尾，达不到理想的效果。渐渐才明白，欲速则不达，有些事情想好再做也不迟，磨刀不误砍柴功。记得上中学的时候，一位化学老师出了一道算术题目让我和同学比赛谁先求出答案，我迅速在脑子算，很快报出了答案，我的同学慢慢算，也报出不同的答案，结果老师说她是对的，我答错了，老师问了运算过程，我和同学过程是一样，只是我求快，最后因计算出错而输了。

慢慢地说，才能说出自信。因为性子急，导致说话也快，总是急于表达自己的观点，喋喋不休，总是希望在最短的时间里讲更多的话，结果发现，语速快了就会情绪紧张、语无伦次，结果丧失了自信，公开场合怕发言怕讲话。我的女儿也遗传了我的特点，语速也很快，我常常谴责自己，不良的习惯影响了孩子的养成，常常在一旁提醒她，不急，慢慢说！说话快不仅有咄咄逼人的感觉，还让人一时难以反应，听不清你在说什么，而对你的讲话失去兴趣。成语“慢条斯理”是有道理的，慢慢地，一条一条地才能把道理说清楚。慢慢说，才能体现女性的轻柔和涵养。

有些人还需要慢慢来，比如丈夫和孩子，相夫教子是女性的一种责任。女人在与丈夫磨合过程中，总会有这样那样的不适应，不自觉按照自己的意愿改造丈夫，结果弄巧成拙，不仅没有效果，反而激发丈夫的逆反心理，影响夫妻的感情。不如放任，然后慢慢地适应，在改变自己的同时，说不定影响对方。孩子是自己的作品，教育孩子也不能性急，心急吃不了热豆腐，揠苗助长不行，恨铁不成钢伤害的是双方。好在教育孩子不像改造丈夫，孩子是一张白纸，具有百分之百的可塑性，只要以良好的习惯影响孩子，在潜移默化中塑造孩子。先生前年生了一场病，治疗和康复期间，我自认为是学医的，总想把自己的健康养生观点强加给先生，结果适得其反，触发其抵触情绪。很无奈，不如不管，顺其自然，顺着他的意愿，听医生话跟医生走，所谓的干涉少了，关系也渐渐缓和。女儿到了待嫁的年龄，看同龄的人纷纷有了第三代，女儿岿然不动，心里那个急啊！可急也没用，婚姻是个缘分，关系一生的幸福，强扭的瓜不甜，急不得，慢慢来。

记得当实习护士时，每当拿起针筒，想到要把针筒扎进身体，我的心会害怕、手会颤抖，此时一旁带教老师会说上一句“不要急，慢慢地”，望着老师坚定充满信任的眼神，顿时产生神奇的镇静效果，带给全身一种胆量和勇气。记得在乡下挂职时，总想把工作做好，于是急。乡政府门口有一玻璃门，没有任何标识，有次因匆匆赶路，一下子撞到遭到无色的玻璃门上，撞得鼻青眼肿，眼镜也碎了，于是痛恨自己冒冒失失。领导说，“你不要急嘛”，一句话点到穴位，一下子也给了我温暖。不要怪门上没标识，不要怪自己不小心。只是自己心太急。从此遇到任何事情，我都会在心里在默念着：“不要急、慢慢地”，它像一句魔咒，能给我信心，给我勇气，给我力量。

T 型台上走得慢才走出模特的风姿绰约，莲步轻移是古典女人特有的韵味; 演讲的人讲得慢才会产生声情并茂的效果; 慢工才能出细活。细数种种，慢的好处不少，只可惜这么多年我怠慢了它。

急，说明我们还不够淡定，不急，才彰显着从容；急，说明我们修炼还不够，不急，是底气足的口吻。不要急，慢慢地。我们都会在慢慢中改变自己，变得越来越优雅，变得越来越有魅力。

病由心生

病由心生，就是说疾病是由心情造成的，这样讲好像有点唯心主义，这不是宣扬意识决定物质吗？然而这又符合心理学的观点，尤其是现实生活中大量的案例证明着这个观点，这需要心理学与哲学做学术上对接，理论界怎么自圆其说那是一回事，不过我力挺这个观点。

医学心理学认为人的情绪可以通过植物神经系统（包括交感神经和副交感神经）影响人的血液、消化、内分泌、泌尿等其他系统，长期不良情绪的郁结就会损坏这些系统的器官，造成各种各样的疾病。对此，古人也赞成这个观点，“恐伤肾、喜伤心、怒伤肝、思伤脾、忧伤肺”，就是说明人的七情六欲对人身体的影响，情志过极会伤害各类器官，如林黛玉整天多愁善感、忧伤过度，导致她的肺部出现问题，最终肺结核夺去她年轻的生命；还有范进因为中了举人，一下子高兴过度，得了心脏病不省人事。这些文学人物的塑造就说明当时的人已经意识到情绪对健康的影响。

现今生活中身边很多活生生的事例支持这个观点，我们机关几年前发生了一个车祸，造成一死一伤的惨剧，那个司机当时没有受伤，可是因为受到过度惊吓，加上内心的愧疚，免疫系统受到侵害，不久得暴发性肝炎住院了；前几天也听说一重大车祸的肇事者张某某在狱中得了肝癌，目前已保外就医。还有经常听说某某在体检中发现癌症，不久就死了，都一致公认是被癌症吓死的。

医学心理学认为有一类疾病是属于身心疾病，就是讲由不良的性格和不好的情绪导致生理上的病变，如胃溃疡、高血压、心脏病，包括癌症等。实际上每个人的体内都或多或少地潜伏着细菌、病毒和癌细胞，正常情况下不会影响人的健康，一旦受到重大刺激，就像外来的敌人，身体就会动员体内的免疫系统去应对，如果敌人的力量太大，免疫系统无法对付，被敌人打垮了，就会出现疾病。坏的情绪和不良的性格都会经常动用免疫系统，免疫系统超负荷工作，就像一架机器一样，也有极限的，最终就停止工作。

所以我们要学会保护免疫功能，平时要培养良好的性格，保持积极的情绪，淡对外界的刺激，不以物喜，不以己悲，以平常的心态面对社会，面对人生，得到不喜，失掉不愁，七情六欲当然需要，但一定要保持节制，要有度，能做到这样也不容易，需要慢慢修炼，今后我会和大家共同探讨。

老五是我的男闺蜜

老五是我的男闺蜜，彼此处得像姐们一样，有事相帮，无话不谈，仅限而已。

相处时间久了，我发现他心理暗示性很高，就说那辆红车的故事吧。

那年机关公车改革，老五内人的单位取消公车，不得已需要买车，因为女人嘛，一心想有部红色的车，而且红色波长长，在马路上醒目，从安全角度上考虑也是上策，于是没得到老五同意自作主张买了部红色二厢别克凯越车。当老婆那天把车开回家时，老五硬是生气和她冷战半月有余。后来老婆开她的红车上下班，老五依旧骑着那辆摩托穿行大街小巷，外表满不在乎，内心其实有点淡淡的失落……后来老五调到乡下工作，交通不便，内人主动提出来把红车给他开，反正她在机关工作，单位离家近，有些困难可以克服。老五开始挺硬气说不需要，可一段时间下来还是觉得不方便，而且在基层好歹也是个领导，骑个摩托外出办事没有面子。经老婆劝说，老五还是开起那辆红色小车。后来老五又调动到邻乡工作，所在地也曾经是内人工作过的地方，好多同事也是他老婆的熟人。看到老五一个大男人开着红色小车，都猜出肯定是老婆的车，于是有意无意地开着玩笑。说者一说了之，老五初听也不在意，听了两三个人讲了，心里就不太舒服，回家就跟内人商量要买辆车子，老婆认为家里没必要买两部车，再说经济上也不允许啊。老五继续开着红车上下班，但心中有了不快，没过多久，有天老五打电话跟我说车子被撞了，让我找交警，到现场一看责任在老五，车送到汽修车，还挺严重，维修花了一万多元。过了三个多月，有天见老五又垂头丧气，原来车子又撞了，送到汽修厂，还没敢和老婆说。那天下午老五和几个朋友在小区打牌，中途鬼使神差突然感到自己占别人车位，于是匆忙下楼去挪车位，谁知错把油门当刹车踩，只听咣当巨响，车子碰撞到路牙，当时气囊全部打开，可想而知何等严重！听说后我气不打一处来：老五，你怎么回事？平时你那么细心谨慎，最近开车怎么接二连三出事故，而且全犯愚蠢错误？他说，是的，我也觉得不可思议，看来这个车子我不能开了，俗话说一不过二，二不过三，我感觉再开要出大事故。我说那怎么办呢？你老婆不会同意你买新车吧？他说，无论如何不能再开！后来老五果然没开过那部红车，听说修车又花了两万多！没过多久，再见老五时，他已开了部黑色凯美瑞，奇怪的是几年下来，从来也没听他说车子磕磕碰碰。

时过境迁，有天我和他谈起红车事情，他很纳闷开那红车时为什么接二连三出事故，而且都是大事故，特别是最后那次自已碰撞实在蹊跷。于是我和他分析：你对那部红车产生心理阴影，当你听到旁人说你一个大男人开一个小红车不好，于是激发大男子主义的本性，在你头脑中形成了心理疙瘩，也是心结。你要换车，老婆又不同意，于是心结越绷越紧。突然心生念头：如果这个车子彻底坏了，开不了，不就能买新车吗？但是这个念头不合常规，立即被压抑到潜意识中去。虽然车子被撞不是你主观所为，却是你潜意识中的所为。人的心理结构分意识、前意识和潜意识，意识是外面世界，是受约束的，前意识像一扇大门，潜意识中是一些本能的欲望、见不得人一些想法，通常是被关在暗箱里，但是些活跃分子，偶尔出来游逛，比如在梦中、酒醉状态、催眠时。那天老五打牌打了一下午，正是云中雾中迷迷惑惑中去开车挪车位，意识受抑制，前意识放松警惕，潜意识就为所欲为了。听我说完，老五一脸惊诧，继而反驳：你真是一派胡言，难道我想把车子撞坏？

情商那些事

昨日早晨出门时，风很大，吹掉了枯枝上的落叶，吹得身体瑟瑟发抖，我很本能地裹紧衣领，往前继续走抬头看到：一轮旭日从东方升起，穿透树枝放射出万丈霞光，顿时眼睛一亮，仿佛看到希望，内心暖暖。顷刻间心情和身体的转变，源于情商的作用。

去年的春夏季，习总书记接见青年代表，曾经问村官杨某，情商和智商哪个更重要？村官回答说，都重要，这时习总书记语重心长地说，实际工作中情商更重要。首次从领导人言语中听到“情商”这个词语。去年的岁末，央视新闻 1+1 栏目，白岩松做了一期节目：我们都来提高情商，好不好？从情商角度剖析当今一些危机案例。情商这个舶来品，从民间流传开来的东西终于登上大雅之堂，得到官方重视和认可，得到主流媒体的宣传推广。

情商是心理学研究的范畴，我涉猎心理学比较早，那是 80 年代后期，心理学在中国刚刚起步，我因为从事精神病防治工作而自学心理学，在上级医院学来一套心理测量的方法，经常给来就诊的患者测试，也经常给周围同事朋友测测智商和人格，从中发现一些成功人士智商并不高，但个性却平稳没有起伏波澜。同时我关注学术领域内理论研究，也不断报导，成功不仅是智商在起作用，背后还有其他因素在助推。于是心理学家暂且归纳为非智力因素，即非智力因素比智力因素在成功过程中发挥作用更大。到了 90 年代初期，美国有学者初次提出“情商”这个词，到 1995 年，由哈佛大学心理学教授正式提出“情商”这个概念，于是相对智商IQ，有了情商EQ。

这些年我也在学习和关注情商这方面知识，民间有传说：三流学生当老板，二流学生当领导，一流学生当老师。再看看周围人，还真是这么回事，这种现象正反映这一主题，实际工作生活交友中，情商作用远远超过智商。

我对情商理解包括三个方面，十几年前在一些讲座和朋友聊天中宣传过，还有点曲高和寡。一是对自己情绪的准备把握和掌控；二是对他人情绪的准确识别和判断；三是协调和处理人际关系的能力，这三个方面综合起来就能反映一个人的情商。

成功等于百分之二十的智商加百分之八十的情商！这是哈佛大学那位教授说的，我也赞同。身边有位小伙子，他学历不高，岁数不大，长相一般，家境也不好，他却娶了个貌美如花的妻子，职业不错，家庭条件也好，婚姻被他处理得妥妥帖帖，旁边人都羡慕这小子命好。后来我观察，小伙子情商高，单位小姑娘小妇女都喜欢围绕着他，外出游玩时，他不是替这个背包就是给那个拿箱子，毫无怨言，他常常安慰别人一句话就是，不要急，他给人就是那种暖暖的贴心的小男人的感觉。有次我买围巾，拿不定主意哪种颜色好，他建议我选条驼色印花的，大气端庄，适合我们这个年龄。我觉得建议好，也佩服小小年纪却能站在老妪角度考虑事情。

善解人意是情商高的表现，能够站在对方的角度分析看待问题，设身处地为他人着想，真切体会他人的心里感受，说出他人想说的话，做他人想做的事，必然赢得他人的心。

察言观色的人情商高，他善于从别人的面部表情、说话神态、肢体语言等读出心思、情绪状态，是喜是怒，是讨厌还是欢喜，都逃不过他锐利的眼睛。比如，某人双手抱臂意味着拒绝，自我防卫意识较强，此时他不容易接近，宛如一块冰，需用热度慢慢融化。

镇定自若的人是经过修炼的高情商，有曾经沧海难为水的境界，不管遇到什么刺激、遭遇什么意外，都能控制自己的情绪不外露，让别人难以察觉到，不能判断他的情绪，总是不显山不露水，不以物喜不以己悲，如毛泽东说的，不管风吹雨打，胜似闲庭信步！像古人云，闲看庭前花开花落，任凭天上云卷云舒。

善用肢体语言代表情商是高的，比如做领导的经常拍拍部下的肩膀，就能显示亲和力，拉近了距离，获得对方的尊重和信任。一位基层女干部接待上级领导视察，正值暑夏，见领导额头冒汗，她说领导辛苦了，先坐下来歇歇，然后抽出面纸轻轻为领导擦拭汗水。这一举动很大胆却触动这位领导心底的柔软，为她以后提拔加了不少分。现实中情商低的也有不少，比如有些学历很高，在单位却得不到重用，于是怀才不遇，眼高手低，怨天忧人，总是不能调整自己心态去适应社会；那些垂头丧气的人，遇到挫折一蹶不振，丧失信心；那些情感失意的女人整天抱怨；比如麻木的人，不是智商低，就是情商不够；还有一些性情中人，喜形于色，遇事冲动等都属于情商不高的人。

我虽然研究情商，但情商不高，经常犯低情商错误，有个同事说我，原来你是学理科出身啊，以嘲讽我不解风情。记得在乡下挂职锻炼期间，有天领导在我面前说，今天是他女儿生日，想找家酒店请女儿吃饭，我却一点反应也没有，无关乎我，实际上领导是有所指，因为我所在的单位开了家知名大酒店，我跟单位说下就可以安排，但当时我没能领会领导暗示，若干年后才有所反思醒悟，后悔自己太木古，感叹自己情商太低。

积 怨

有个词很可怕，这个词叫“积怨”

一觉醒来，天还没亮，随手打开电视，央视一套节目正在播放《今日说法》，讲述的是吉林柳河县一个叫小旭的男孩杀父弑母的案件。一个正值青春年华的二十六岁的小伙子，为什么会亲手杀死自己的亲生父母？是什么深仇大恨让他如此残忍丧失人性？小旭十五、六岁时书念不下去就外出打工，又做过生意，都没有成功。后来打工时伤了手就回到家乡，他又不甘心和父母一样种庄稼干农活经受风吹日晒，于是整天在家里游手好闲，或者做一些父母认为不务正业的事，小旭的行为让父母觉得不顺眼。同时小旭也觉得父母对他有偏心，比如平时他要钱零化，父母对他都很抠，却常常背地里塞钱给他二姐，每次二姐和孩子回娘家，父母都忙前忙后，烧好多好吃的，还给孩子买零食。这一切，小旭看在眼里，却不言语，在心里觉得父母的不公平。于是他与父母之间有了矛盾并越积越深。有一天晚上小旭出去玩到九才点回来，父母把门锁了，他进不去，只得破窗而入。这让小旭尤其生气，此后多天他不理睬父母，每次吃饭都端进房间去吃，从此矛盾升级，邪恶在心里滋生，开始策划谋杀父母的计划。那天他突然情绪来了一百八十度大转变，说是要烧火锅给父母吃，并悄悄在火锅里放了老鼠药，不知情的父母以为儿子开始懂事了，第一次吃儿子烧的饭自然非常高兴，吃得很香很多，小旭却以胃口不好不想吃为由，坐在一旁看着父母吃，父母又怕浪费不忍剩下，勉强吃完了全部。半夜里父母开始上吐下泻，折腾了一夜，儿子居然不闻不问，到了第二天老两口不得不去医院打点滴。他们哪里会想到是他们亲生儿子在那晚餐里投下了毒？在他们向女儿报怨儿子冷漠时，他们的儿子正在一旁偷着乐觉得很解气。更让父母想不到的事，更加凶残的谋杀还在后面等着他们呢。想到父母同时在家不好下手，小旭特地选在一个星期天母亲外出，北方的冬季正值农闲，父亲躺在炕上看电视，儿子拿出早已预备好的刀向毫无防备的父亲砍去……掩埋了父亲的尸体，母亲外出归家，不知情的她去儿子房间挂好包，此时丧心病狂的儿子轮起斧头在其背后狠命一击。就这样一对中年夫妻顷刻间命丧黄泉，死于至亲的屠刀下。

两个姐姐死活也想不通，有多大的仇恨会让弟弟去杀死爸妈，全国人民都想不通。然而许多想不通的事情就这样平平常常地发生了。追溯这起案件的始终，小旭与父母之间没有什么深仇大恨，没有什么原则性的矛盾，也不是通常的溺爱所致。出嫁的姐姐偶尔带孩子回娘家，父母自然喜欢，烧些好吃的，给外孙买些零食这些人之常情的事，生性内向敏感多疑的小旭就觉得父母偏心做得不公平，于是心生怨恨。本来人际关系中就有远香近臭的法则，儿子天天在身边当然不可能表示出喜爱之情。人格扭曲的小旭难以理解这些常情，产生了抱怨的负面情绪。生活中琐事接连不断，小旭的怨气也在不断积聚。此时他如果善于表达，懂得渲泄，事过境迁，他的这种抱怨情绪也就渐渐消失，偏偏他是个不善言谈的人，他把一切怨恨和不满压抑在心里，积少成多，并渐渐发酵酿成苦果。如果此时他的父母懂得儿子正处于青春期性格叛逆，应该与孩子多一些沟通，让儿子把不满的情绪及时渲泄出来，或者多给儿子的一些爱的表达，彼此建立正常的亲子关系，那么就不会有这样的悲剧发生。而小旭的父母却是一点点埋头赚钱挣家业留给儿子、悄悄托人给儿子介绍对象而不让儿子知道，把对儿子所有的爱深藏在心里，让儿子在误区内越陷越深，不能自拔。

人生不如意十有八九，每个人心生不满时，都会产生怨气，这是人之常情，但却是一种负面情绪。心理健康的人或者情商高的人善于处理这种负面情绪，过不了多久，这个怨气就会烟消云散。而有些人性格内向，不善于交流，常常把这样的怨气压抑在心里，怨气就会渐变成怨恨，量变转化为质变，然后发酵，或表现为暴力行为，或积聚在身体，积聚在某器官，让细胞变性繁殖。就好像高压锅的阀门，松开阀，气体出来就好，否则就会在里面膨胀，出现高压锅效应。

怨气的产生大多是生活中的琐事，从另个角度不值得一提，可身为当事人却一时无法超脱，只缘身在此山中，如果有个第三者稍一点拔，很快就会消失。如果自己情商也不高，也不与他人说，只是自己掩埋在心里，久而久之，就像藏匿在身体的一枚定时炸弹。前几年轰动一时的马加爵事情以及校园内频发的暴力事件都是这样，学生之间能有多大的仇恨呢，都是生活中的一些鸡毛蒜皮的小事、同学之间的小矛盾，没有及时处理好，没有及时化解掉，没有及时得到疏导和渲泄，时间久了就会积聚成身体上或者情绪上的肿瘤。

小旭的亲戚和邻居都说，这孩子平时挺老实的，也不大说话，怎么就会杀人呢，而且竟然杀死自己的父母？真是百思不得其解。其实老实人真的不可小觑，老实人肚子里长牙，老实人就是因为表达不出来，就会把愤怒压抑心里，愤怒的皮球越吹越大，总有爆发的时候，时间积聚越久，爆发力越强。不在沉默中爆发，就在沉默中死亡。一些自杀的行为，都会让人觉得突然和意外，怎么好好地就自杀呢，实际上是没有真正了解当事人，任何一个自杀者都会经历过激烈的思想斗争，都有着不能忍受的心理上的煎熬。这一切，只有身边亲近的人才能发觉，如果能给以及时的心理干预，或许一切都可以避免。

让我们的氛围如春风拂面

昨天，我对朋友很不满意，语气中有了抱怨的成分，因为朋友前些天答应帮我一件事，但迟迟未去落实，于是我的情绪中暴露出不满，朋友也针锋相对，说了句："拜托啦，请人帮忙哪有像你这样的态度？"一句话把我堵得哑口无言。看到朋友发火，我不得不软下口气，解释说这件事确实很急，你答应我了，我就指望着呢！朋友于是也详细说明了其中的难处，原来事情不是想象中的那么简单，朋友还得去找朋友，还要看朋友的朋友有没有空？经过一番静下心来的沟通和交流，彼此间弥漫的不快情绪就烟消云散。

无独有偶，今天上午，老公送我上班，下车时我破天荒说了句："谢谢你！" 没想到老公也出乎意料答道："不用谢，我应该做的。"说完后我俩相视一笑，为自己和对方的意外，为彼此之间难得一次的客套。

由此想到，人们经常说的一句话：别人帮你是一种情份，不帮你是一种本分。开始听到此话时觉得有许冷漠，现在想想，却有几分道理。别人可以选择帮助你也可以选择不帮助你，不帮助也是应该的，是本分，人家没有责任帮助你，这个社会里不是人人都是雷锋，毕竟雷锋几十年才出一个，所以当别人不帮助你时千万不要怨怪人家，反而需要问自己人家为什么不帮你？前些天听同事说，有个老干部体检时在医院大动肝火，大发牢骚，就是因为没有额外给他增加项目，有可能他之前跟领导说过，但他压根儿就没考虑领导是否有难处，或者领导是否事情多而疏忽此事，所以觉得满足他要求理所当然，没有达到他的要求发火也是理所当然。同时想到还有另外一个级别更高的老干部，二十多年前她就是重病缠身，现在近九十岁却越活越健康，每次去看望她时，她总是感激之情溢于言表，一个劲地说谢谢，对单位照顾非常满意。我觉得她的健康源于有一个好的心态，她心存感激！别人帮助你是一种情份，心要存有感激之情，即使帮忙没有结果，感激的重量也不能因此轻了，你对我滴水之恩，我当涌泉相报，一时无力报恩，也要把这份恩情永远存放在心里。经常在单位遇到一些上访户非常理直气壮，因为自己贫困就提一些政策之外的要求，他不体谅工作人员只有执行政策的份，没有政策外的特权，这些人更想不到，对贫困的帮扶作为政府来说是一种责任，但困难户自己也应看作是一种情分。

人与人之间是相互的，你对他人有什么样的感情，别人也会对你抱有同样的感情，心理学上讲，你对别人怎样，别人就对你怎样。这是有科学原理的，当你内心有什么样想法和感情时，必然从你的表情、你的言语、你的举止上投射出来，不管你有多深的城府，不管你怎么掩饰，总会在不间意中流露，因为潜意识会出卖你。这就是“相由心生”。你对某人充满钦佩，别人同样会投来赞许；你对他人针尖，他人会回应麦芒。

因此人与人之间要多些和善，多把对方往好处想，营造正能量的氛围，让彼此关系形成良性循环，从自己做起，心存感恩，这样自己内心就会和谐，人与人之间就会和谐，从而社会就会和谐，处处就会如春风拂面，清新几许。

有一种病态叫自我控制缺失

湖南省耒阳市文联某领导这些天被推上舆论的风口浪尖，他因自己的诗作在网上遭到差评，便迁怒于网站，一气之下去网站砸电脑，并且砸后还表现出敢作敢为的男子汉风度，主动留下字据，还问旁边人“砸”字怎么写？一个堂堂的文联主席，竟然如此无知、狭隘而且暴力，其可笑荒唐的行为让人匪夷所思！事后耒阳市文联工作人员反映他十几天前出现精神障碍，表现亢奋，需要药物才能控制。这样的解释让网民觉得这是应对舆情的一种危机公关，就像机关里公务人员被曝出违规违纪行为时都被说成是临时工所为一样，网民难以信服！请看此领导一系列言行，看到诗作遭到差评，先是愤怒，然后打砸电脑，写下字据，讨要说法，主张赔偿，处处为自己维权，思路清晰而且有理有据，倒是一种率真性情的反应，不像是精神病啊！于是最终把他的行为归因于权力滋生的戾气和霸气。

确实无法合情合理地解释这位领导的行为，以我之见，归咎于病态更能让众人理解。如果不是病态所为，他怎会把那明显拙劣的诗作放到网上去“晒”？水平再低的人也能看出实在算不上好诗！何况他是文化系统的干部，分明缺乏自我评价，《皇帝的新装》不过是童话，生活中永远不会有那样的皇帝。如果不是病态，他怎么在作品遭到网民差评后去找网站论理？难道这一点常识没有？明显认知发生障碍！如果不是病态，他怎么一怒就会砸电脑？明显是情绪激惹，自我控制能力缺乏！如果不是病态，他怎么砸后还主动留有字据？还去问“砸”字怎么写，明显表现出一种幼稚和退缩行为！他不是普通老百姓，他可是级别不低的干部，甚至是宣传文化系统的领导。如果不是病态，凭他目前表现出来的水平和素质，怎么会步步升迁？难道组织部门有眼无珠，无视用人标准？如果不是病态，在作风建设日益严厉的当今，他竟如此放肆狂妄，难道八项规定对他没有半点威慑？

所以，我宁可相信地方官方公布的消息：他就是精神障碍患者。虽然他言语没有错乱，思维还算清晰，还会为自己维权，那只是浅表，如果与他深入交流，就会发现他的逻辑障碍；另外他的勃然大怒，他砸东西等都不是正常人所为，表明他的情绪和行为都有了障碍。对于一个病人，还有什么不能包容呢？

我们的周围常常会出现这样的人，平时貌似正常，却会出其不意出现异常的言语、行为和举止，让人难以理解，有的甚至伤人或自伤，酿成无可挽回的祸端。这些人可能是间歇性精神病发作期病人，平时正常，发作时才有异常；有可能是躁狂发作，只是情绪亢奋激进，思维还是合理的；可能是偏执狂，外表与常人无异，工作生活无碍，一旦深入交流时便觉得其不可理喻的思维逻辑；可能是抑郁，与常人无异，却会玩起自杀，如死水掀起波澜；还有一些确确实实是正常人，然而却在个性方面走向极端，如一味钻牛角尖，特立独行，行走在自己的世界里，或者总是打架、斗殴、吸毒、赌博，或者装腔作势善于表演人来疯，等等。面对这些人，首先要提高警惕，尽可能加以识别；然后远离，不要在人群中多看他或她一眼；保护好自己或他人，尽量避免伤害。

我的高中同学，一表人材，在外人看来不论家庭还是事业一路走来春风得意，然而就在他升职半年后，突然从高楼纵身跃下，把五十岁的年华葬送在人间四月天，令人扼腕叹息。后来听家人反映，有近一年时间他就变得不愿见人，近两个月处于失眠状态。他光鲜的外表下裹挟着极度抑郁焦虑的灵魂，可这一切都没引起身边人的警觉，直到他走向末日。抑郁的人很多，不是人人都会自杀，他或她可能会有轻生念头，只有缺乏自我控制能力时，才会出现自杀行为。

你我身边可能会有这样一种人，他像鼓胀的气球，随时都会爆炸，稍有一点不如意，便会勃然大怒。我目睹过一幕：他哼着小曲准备去食堂吃饭，心情应该不错，拿起饭盘等待打饭，下意识用筷子敲打盘子发出金属声响，正在忙碌的食堂师傅听了心烦，说："不要敲了"，这就一句话，刺激他的神经，几十秒钟的酝酿，突然爆发了："老子吃饭还受你的气"，随即把饭盘连同饭菜摔砸在地，猝不及防的行为让周周人目瞪口呆。后来发现他经常会有这样冲动，稍有不如意就砸东掼西。我从此关注他，看似强势的他，实则内心极度敏感脆弱，他非常悲观，总觉得在单位低人一等。自卑可以超越，可以激发你上进，也可以走向反面。他的自卑则让他常常转化为愤怒，当控制能力缺乏时就要发作，这时候就要远离他，惹不起，但可躲得起！所以这类人平时与常人无异，甚至某些方面更为出色优秀，然而却有着控制障碍，遇到导火索就会点燃爆发。

也曾见到一女孩，貌美如花，家庭条件非常好，智商也蛮高，却有一嗜好：收藏鞋子，先是见到喜爱的就不断地买，家里堆满了鞋子，后来发展到看到喜欢的鞋就偷。丈夫不堪忍受，离她而去。她也没办法，控制不住啊。

以上这几位，我的同学，那位我亲眼目睹的同事，以及那女孩，他们都有不同程度不同种类心理障碍。几乎每个人都曾产生出抑郁、焦虑、恐惧等症状，都曾出现一些荒诞不经的想法与念头，都有过恨不得自杀或去杀人的欲望，大多数都是一过性，很快就能控制住在一个"度"内，而让自己保持在正常状态。而一些人却无法控制，让病态的基因恣意疯长，长成心理的肿瘤，或者说沿着心理的死胡同一条道走到底，从而固化为精神病态。这些人都是因为：自我控制能力缺失，这是一种病症。

欢喜就好

昨晚十点入睡，一夜安眠，今早起床，神清气爽，走出家门，春光扑面而来，小鸟清唱，花儿含笑，一种轻松愉悦溢满心间。我想这大概就是禅师所说的“欢喜”吧！星云大师常说要“给人欢喜”。前几日拜望了隐居深山的一音禅师，也说到始终保持一颗欢喜心，他给同行的一位朋友写下了“随缘欢喜”四字。欢喜从心理学角度来讲属于一种心境，心境与热情、激情等一样，都是情感中的一种，是强度较低、平静、持久的一种情感，具有弥散性、渲染性、长期性的特点，比如情意绵绵、闷闷不乐、耿耿于怀等都在表达一种心境，它让个体对事物的态度和体验染上一层情绪的色彩。欢喜则是一种积极、向上、健康、正面的心境，拥有欢喜心，会让每个人认知清晰、判断准确、思维敏捷，给人以温暖，处事以适度，浑身散发出满满的正能量，所以我们每个人每时每刻都力求让自己保持着欢喜心，给人欢喜，自己欢喜。要记住美好，忘掉一切不美好的人和事。前几日单位组织去踏青春游，在农家乐不少女同志买了个“筛子”，小时候生活在农村常见的一种农具，很久没用过了，其作用无外乎有两个，一是晒东西，二是“筛东西，把粗糙与精细区分开来。由其想到，我们也要为心理健康买个“筛子”，当心情潮湿时，可以借“筛子”去阳光下晒晒；同时发挥“筛子”的筛选作用，留住一些美好的事情，让那些会使我们心情糟糕的事情从“筛子”的缝隙漏下去，心理学上叫做“选择性遗忘”。世间百态，每天我们会遇到形形色色的人和事，难免不产生情绪波动，既会有高兴、快乐、欣喜、愉悦等积极情绪，也同时会有焦虑、郁闷、嫉妒、仇恨、愤怒等不良情绪。积极情绪有益健康，不良情绪就像那看不见的细菌、病毒、放射线，悄悄侵蚀你的身体。平时我们的心里尽量不去触摸那些不愉快的记忆，而对一些美好的人和事我们尽可以回味无穷。当不得不面对那些糟糕境况时，我们也需短暂地停留，尽快放下，不可沉浸其中流连缠绵。前些日子，去看望老干部，无意中听到一些事一些话，顿时心中涌起委屈、气愤，五味杂陈，搅得我彻夜难眠，恨人情淡漠，叹人际复杂。但我很快意识到这种状态对健康无益，需要立即调整。于是我放下工作，安排短期外出旅游，一旦融入大自然、融入青山绿水，所有的不快渐行渐淡、渐行渐远。还意外地遇见一音禅师，听他一番禅意般的指点，人生本是一场空，赤条条来赤条条去，任何名利得失只是短暂的诱惑，转瞬间便烟消云散，什么都不重要，人生欢喜便好！

人生要做减法，简单再简单。我的人生本来就是简单的，但我想还可以再简单些，比如简单到家庭单位两点一线，工作、吃饭、睡觉三足鼎立，不去考虑人际关系，不去考虑工作绩效。欲望少些、想法少些，就会更快乐一些。当我们感到不愉快时，一定是心里有东西放不下，一定是还有想法、还有追求。有追求、有想法当然好，但同时必须有所付出，付出努力、付出代价，天下没有免费的午餐，世上没有随随便便的成功。如果这些做不到，还不如不要有这些想法这些追求，命里有时终须有，命里无时莫强求。当一切都放下，一切都无所谓，一切都不在乎时，心中唯有满满的轻松与欢喜。

每天面带笑容，给人欢喜。表情是心灵的反应，当我们心情愉悦时，便喜形于色，露出开心的笑容。如果遇到心情不愉快呢，我们也可以主动作为，扬起嘴角、露出牙齿，强作微笑，说不定坚持一会儿，你的心情会由阴转晴，渐渐地有了喜悦，自己也有了欢喜，给人欢喜同时也是给了自己欢喜。此外你对他人表达欢喜时，别人也打心里喜欢你，这是社会心理学研究得出的结论。所以每天出门，不论是雨天还是晴天，不管是高兴还是不高兴，我们对着镜子，做出微笑状，由内而外一副欢喜。特别喜欢一首歌《欢喜就好》，歌词写到：人生广阔，何需要全了解，有时清醒，有时随便。有人说好，就一定有说不好。别想那么多，咱生活更自在，整天嫌车不够好，嫌屋不够大，嫌菜煮得不好吃，嫌妻太难看。开到好车怕人偷，大屋难打扫，吃得太好怕血压高，娇妻会跟人跑，人生短短，真好像在游乐，有时候烦恼，有时轻松，问我到底腹内有啥法宝　其实没诀窍，欢喜就好！

情极伤身，积忧成疾

看来我确实落伍了，之前我不知道什么姚贝娜，在举国上下都在为她的去世而悲痛叹惜时，我才开始关注有关她的点滴，她原来是位当红歌星，从“中国好声音”脱颖而出，那首红遍大街小巷的《甄嬛传》的主题曲是她演唱的，几年前患了乳腺癌，经手术切除和化疗后医生宣布已经康复，于是又投入到她所喜爱的演唱事业中去，去年春晚她还登台献唱，没想到去年岁末体内癌细胞又肆虐起来，再次复发并全身转移，于几日前溘然长逝，时年 33 岁，应中她唱的歌《红颜劫》。女儿昨天发来一段微信，大意是讲：姚贝娜曾经录过一段视频，说她的病是在那段极度郁闷时间得的，当人特别郁闷的时候，一定会找个出处，最终要么是精神出问题，要么是身体出问题。看了这段微信，我深有同感，因为最近我正酝酿写一篇身心健康的文章，希望以仅有一点知识向大家提供有益的建议。

郁闷、忧愁是一种负面情绪，与之还有焦虑、恐惧、仇恨、嫉妒等等，它们是一胞所生的兄弟姐妹，都是一组消极、不良、负面的情绪，这些情绪会刺激大脑中的丘脑和下丘脑调节内分泌系统，从而分泌一些激素作用于身体内的器官和脏腑。如果是短期或暂时的情绪刺激，个体自身有代偿免疫功能可以应付，选择“搏斗或逃避”，长期持久或巨大的刺激，超越个体的免疫力，身体就会出现这样那样的毛病，或神经方面的，或躯体方面的。

老祖宗几百年前就有研究，中医在论述情绪对健康的影响时有如此之说：喜伤心、怒伤肝、忧伤肺、思伤脾、恐伤肾，认为人的情绪是主气血运行，如果情绪障碍，气血运行受阻，不通则痛，身体就会出现毛病。林黛玉就是典型的例子，因敏感多疑个性所致，又生活在别人家屋檐下，不敢多说一句话，不敢多走一步路，因此长期忧愁烦闷、郁郁寡欢，最终咯血患肺病而死。心理学有个实验：把一胎所生的两只羊羔安置在不同环境下生活，在一只羊旁边拴一只狼，这只羊每天看到可怕的威胁，极度恐惧，不吃东西，渐渐消瘦，不久就死了，而另一只羊由于没有受到威胁，没有惊恐的情绪体验，而安然无恙。《三国演义》中周瑜文韬武略，英姿勃发，因心胸狭窄，多次输于诸葛亮的足智多谋，最后发出“既生瑜，何生亮”的感叹，连叫数声倒地而亡，他就是极度情绪激动而造成的猝死。我身边也有这样的案例，一机关单位两名领导下乡指导工作时不幸发生车祸，结果一死一伤，而司机却毫发未损，然而他背负巨大的心理压力，内疚、恐惧、负罪感、焦躁等复杂情绪终究把他压垮，不久得了暴发性肝炎，剧烈情绪摧毁他自身的免疫力激活体内原有的病毒。还有《儒林外史》的范进考取举人后因过度惊喜，喜极而狂，痰迷心窍，差点一命呜呼。

这类由消极情绪引发的躯体疾病，现代医学叫作心身疾病。随着经济社会发展，竞争越来越激烈压力越来越大，这类疾病也越来越多，比如高血压、心脏病、癌症等，在排除基因因素外，大多数是因消极情绪积聚，潜移默化地对身体造成的影响，长期压抑的烦闷焦躁慢慢地会成为X光线下一团阴影。

怎样才能远离这些不良情绪，每天维持轻松愉悦、积极健康的状态呢？

多想他人之好，多怀感恩之心，既有阳光就会有阴暗，我们要在阳光下发现亮，不要在背阴中查找暗。有位名人说过：若有仇恨，你只要记住仇人是谁，至于那段仇恨还是忘记得好，最好连仇人是谁一同忘掉，不记得是对他人宽容，更是对自己的善待，焚心锁骨只会成为自己的恶魔。

善于运用利导思维，而不是弊导思维。凡事多往好处去想，越往好处想越是光芒万丈；如果往最糟处想，越想越是一片黑暗，最终把自己逼进死胡同。其实事情原本没你想象得那么糟糕，有时自己真是杞人忧天。比如女人夜晚在家等待丈夫，有的女人想丈夫在外不知干什么，是喝酒打牌？还是约会情人？于是心神不定，焦躁不安，恨不得立马去外找，茫茫人海，在哪？有的女人想丈夫一定是有事或工作忙，这样一想，她很淡定安然入睡，不同思维产生不同的情绪。

培养自己一个圆钝无棱角、没心没肺、不易受伤的个性，从身心健康角度来讲是上策，想说就说，想做就做，不以物喜，不以己悲，知足常乐就好！大多数癌症患者比较压抑，大多数冠心病病人争强好胜，而胃是情绪器官，情绪不好最先受伤的是胃，所以一旦没有心情就失去胃口。等等，不一而论。

追求简单，现代人困惑来于过多选择，物欲横流，考验的是人的心理承受能力，选择多纠结就多。所以即使做不到清心寡欲，也尽可能返璞归真，回归自然。睡得着，吃得下，便得快，想得通，放得下，这就是健康！

给压力找一个出口。压力是双刃剑，人无压力轻飘飘，压力太大就像绷紧的弦，总有弦断一刻、命悬一线的时候。压力就是体内多余的能量，想方设法释放，有什么好办法呢？运动吧！跑步爬山打球，让心里的压力随着大汗淋漓一起排出；去唱歌吧！引吭高歌，让心中不快随歌声流淌；到没人的荒野咆哮吧！让心中烦闷随风飘散；找人聊天吧！把心掏空，用滔滔不绝疏通心道中的栓塞；去做瑜伽，身体在一呼一吸中自由舒展，抚平心灵的皱褶。

墙倒何必众人推

小时候所在的生产队也是一个小社会，真可谓世事万相、人间百态，什么样的事也有，什么样的人也有。那时常听到妈妈讲到"墙倒众人推"这句话，说某某某不厚道不仗义，老是欺负地主家的孤儿寡母，真是墙倒众人推；又说现在风气太坏，一个人倒霉了，大家恨不得再踩上一脚，让他永远不得翻身，墙倒众人推。语气中既有对某些不厚道人的谴责，又有对社会上不良风气的无奈。可见妈妈是个心慈善良、有同情心、乐于助人的人。耳濡目染，从小受母亲的影响，我虽是个肩不能挑担、手不能提篮的弱女子，骨子里却不乏古道热肠、侠骨义气，也常常做出感情用事的事情。总是喜欢站在弱势的一方，有时近乎逆反甚至固执，当见不平时也会蠢蠢欲动。从小对那些"墙倒众人推"的人不屑一顾，从心里憎恶。

最近重读《红楼梦》，发现其中的平儿，虽说是个服侍人的下人，却是个颇有同情心、担当正义的女子，书中有两处她说了"墙倒众人推"、为她人打抱不平的情境。五十五回中，在众奶奶责备赵姨娘时，平儿悄悄地说："罢了，好奶奶们" 。墙倒众人推，那赵姨娘原有些倒三不着两，有了事都就赖她。在六十九回中，王熙凤借刀杀人，怂恿丫环欺负尤二姐，平儿看不过，说："丫头们，你们这就配没人心的打着骂着使也罢了，一个病人，也不知可怜。他虽好性儿，你们也应该拿出个样儿，别太逾了，墙倒众人推。"

可见“墙倒众人推”来自老祖宗，后来成为成语流传下来，具有中国特色，况且称为中国式的“墙倒众人推”，也是中国人的一种诟病，就如韩国国民的抑郁气质和犹太民族的吝啬特性一样。

近来，一代小品王赵本山也正遭遇着中国式的“墙倒众人推”，在缺席全国文艺座谈会后，接二连三地失去辽宁省的文艺座谈会和铁岭的文艺座谈会的资格。去年央视各台还在热播《乡村爱情》系列片，今年春节所有电视频道有关他的节目都已销声匿迹。赵大叔的艺术被边缘化，赵大叔本人则被推到风口浪尖，昔日的“赵大叔”威风不再。真是人间冷暖、世态炎凉啊！此时赵本山最大的感受莫过于此。记得在2011年春晚后，正是赵本山红得发紫之时，那年春晚他的作品是《同桌的你》，应该说从思想到表演上，这部作品质量都不如以往，然而却得到观众的一片喝彩声。我当时写过一篇博文《为什么大家喜欢看赵本山的小品》，我认为他的作品低级趣味，但却符合大众的需要。因为如今社会处于全民焦虑状态，精神压抑，工作之余需要一剂调味，以缓解平时绷得紧紧的神经，以排泄高度紧张带来的超负荷的压力。只有低级才是有趣味的；才能迎来笑声；只有低级的，才是大众的，阳春白雪只能曲高和寡。当时我发出与主流不同的声音，只是呼吁艺术家要创作高质量的作品，不要以低俗媚俗来迎合大众，只是希望观众能提高欣赏水平，不能只为低级趣味而喝彩。而今日，当赵本山被众人冷落时，一下子从天上跌到地下，我们不妨回过头来要看他，况且不论其他未知的因素，他只是个演员，是个来自民间的艺人，这么多年他给全国人民带来欢声笑语，仅凭这一点，就应该得到人民最起码的敬重！真是水能载舟亦能覆舟。想起两会现场，面对全国媒体，宋丹丹手挽赵本山的一幕，那种发自内心的真情令全国人民感动。在赵本山最红的时候，宋丹丹主动退出与他的合作，在赵本山虎落平阳之际，宋丹丹挺身而出，表现出仗义执言的女汉子风范，让众多男子汗颜。

“墙倒众人推”的现象还反映在中国那些倒台的明星官员身上。在位子上，一言九鼎，前呼后拥，被吹捧得上了天，一旦犯了事，便招来口诛笔伐，好像一身毛病，天生就是个大笨蛋，真是树倒猢狲散，破鼓万人捶。

“墙倒众人推”反映的是一种从众心里，是个体努力使自己的行为与大众保持一致，人云亦云，随大流，以此获得心理上的安全感。墙要倒了，干脆再来推一把，让其彻底倒塌为止，这样就不会殃及池鱼，就不会牵连危害到自己。墙倒了，再来推一把，是要表明自己的立场，跟风保持一致的方向。

社会正处于转型变革期，什么样的事情都会发生，我们这些平民大众还是需要多些理性，多些思考，不要做墙头草，风吹两边倒。对一些落难之人或事，我们不能雪中送炭，也不能伤口撒盐，更不能在别人那面生命之墙将要倒塌之时，你再顺手推上一把，这不仅关乎道德，更体现作为人的本性。

假想敌

据说晚上七点时山上的空气质量最好，适宜散步和锻炼。因为白天植物中的叶绿体通过光合作用把二氧化碳和水聚存合成能量，然后放出氧气，晚上七点钟后停止光合作用，经过一天的光合制氧，所以此时空气中氧气的浓度达到最高。谨于此，我常常在夜幕降临的时候在月光下走走，当然是远离喧嚣的地方，于是去山中是最佳的选择。但问题来了，黑夜中孤独前行，还要考虑安全因素，更何况我是位胆小如鼠的女子。于是要结伴而行，结伴说来容易，身边就有，可实际上也不容易，你得看伴是否有时间，看伴是否有心情，要看伴的脸色行事。所以每次能否成行，常常受伴的牵制。有时，心生怨气，发誓要独自去，但却未真正实践过。

风雨过后的夜晚，有一种被冲洗过的感觉，我爱死这样的时刻。于是约伴去山中去享受雨后的洁净和清新，可伴说累了不想走。我实在不愿错过，于是下定决心独自前往，尽管伴列举种种不利因素，还是未能阻止我前行的步伐。

开车到山脚，车子一辆接一辆，密密麻麻地码齐在路两旁，我找个空位把车停好，独自开始夜行。其实也不算独自，尽管是晚上，仍然是行人如织，三三两两。还有野外俱乐部，每次聚合时都要举出旗帜在山下合影然后才开始旅途。 行走在人群中，我不识君，君也不识我。在如今的生态环境下不是每天都能看到月亮和星星的，而今晚的一弯弦月是那么清晰地挂在天空，还有亮晶晶的一颗颗星星。正是春夏交替的季节，不冷不热，舒适宜人，山风夹着阵阵花香一路地摇摆，摇得我心情荡漾。此时什么可以想，什么也可以不想，心是自由的。感谢今晚自己果断的决策，否则就要错过这样的夜色、这样良辰美景、这样怡人的心情。前些日子，心情被欲望捆绑，在追求过程中，呼吸被压迫，仿佛要窒息了。随着一切的水落石出，虽然有一些惆怅和失落，但总体还是一种轻松。心仿佛从喧嚣中走出，特别在今晚山风吹佛下，渐渐把我从虚幻中拽回现实。与其在名利世俗中挣扎，只是为了那么点滴虚荣，还不如在自己的世界里享受一份清静安然，何况自己还有那样一点爱好。套用流行的一句话：生活不只眼前的苛且，还有诗意和远方的田野。

去年的几场暴雨连续袭击，本来平坦完好的盘山公路部分路段被山洪冲毁开裂，还不断有山体滑坡，道路变得起伏不断、坎坷不平，近一年了也没有维修。虽然管理方已设置多道铁门围档，依然挡不住大众越来越强的健走意识，人们绕过铁门从旁边另僻小径，不顾危险坚持围山行走锻炼。夜色越来越深，行人越走越稀，路两旁是茂密的森林。有将近一公里左右，只有我一人独行。奇怪的是却没有任何恐惧感，既不怕黑暗，也不担心野兽出没；既不担心鬼魂的跟随，又不怕劫财劫色。想来这一切都是假想敌，都是自己用来吓自己，怕什么呢？黑暗不过是地球自转转到另外一个方向；哪来的野兽，如果有这样的生态那真是奢望；害怕鬼魂那是小儿科的把戏；还有我这样身无分文的老妪，希望有来劫财劫色的？休想！想来恐惧不过是杯弓蛇影，人生恐惧大多是来自自我设计的假想敌。

想着走着，走着想着，忘记了是夜深人静的晚上，忘记是在山路中前行，忘记了身边无伴，不知不觉到了山门，看到定林寺朦胧的灯光，在夜色中显得有些迷离……

心思在夜色中一点点淡去，要感谢这片土地上的青山绿水，感谢她的包容和接纳，多少日子里，她吸纳我的喜怒哀乐，吸纳我的抱怨和忧虑，她是我的负面情绪垃圾箱，她是健康人生的净化器。经过一个多小时的行走，此时感觉心放下了许多，全身无比轻松。想起非常陈旧的比喻：手里抓一把沙子，如果你握得越紧，沙子漏得就会越多。有人把这比喻成婚姻，意即婚姻双方要适当给予对方些空间。何止是婚姻呢？

没有故事的一张社会保障卡

无意中看到搜狐一位博友写的博文《一张社会保障卡》，讲他无意中捡到一张社会保障卡，如何想方设法找到失主的过程，虽然没有多少曲折的情节，读来还是心生感动！

无独有偶，前几天我也捡到一张社会保障卡。那是上周日的傍晚，准备外出散步，走出小区大门，在门前的广场，地上瞬间的闪亮攫住我的目光，我下意识弯下腰发现是一张卡片样的东西。如果在以往，对地上的东西我是不屑一顾的，一是我走路快，来去匆匆，只顾向前，很少四处张望；二来因为高度近视很难发现地上的小物件；三是嫌地上的东西脏，我是不会去捡的。那天纯属闲得无聊，才会关注到地上的东西。捡起来一看：一面显示的是“南京银行”的银联卡，姓名是"陆莉",从身份证号可以看出是位1989年出生的女孩；一面显示的是“社会保障卡”，并且贴有“江宁医保”的标签。原来是一张市民卡，和身份证一样，也是人生的重要证件啊！因为我也曾丢过证件，推此及彼，能体会失主的心情，有次不慎丢失了钱包，里面有刚发的工资和各种证件，那种焦急心情不言而喻，只盼望遇好心人能把证件还我就好了，至于钱丢就丢了，后来真费了好大的劲，才补办了各种证件。我想失主此时一定非常着急哦！我掏出手纸擦去上面的灰尘和污迹，攥在手里，生怕掉了，带着它去散步。一路上我在想，失主到底是哪个单位？我怎么能和她联系上呢？于是匆匆结束散步就回来了。首先想到会不会是小区的业主呢？于是到门卫找到保安，把失主的情况向保安进行描述并做了登记，请他们帮忙寻找。回到家后，已是晚上七点钟，不急着烧晚饭，先将失物拍照上传到微信朋友圈，相信通过微信广泛而快捷的传播应该很快能找到失主。微信发出不久，得到朋友纷纷的回应，有的及时转发，有的提供寻找的方法。巧合的是我的文友金陵方舟也在近日捡到一张名叫“洪飞”的社会保障卡，于是受我启发，他也把捡到的社保卡在微信上晒出以尽快寻找失主。当时觉得很蹊跷：怎么会有这么多的人丢社保卡？建议有关部门今后在制作社保卡时是否该考虑防失的功能。第二天早上上班，我打电话给区医保中心主任，我的校友马主任，他很热心，立即通过医保号在系统中查寻，经查发现此张卡已经销号，猜想可能是失主发现卡丢失后及时办理注销手续。那行了，我像完成了一项任务，松了一口气。于是随手把卡扔进垃圾箱，后转而一想，假如能找到失主，或许卡还有用处，于是又从垃圾箱中捡回放到抽屉。到了下午，我在微信里发现同学张宁的留言：“失主是她单位的同事，目前出去抄电表了，已经通知了她。”一会儿功夫，姑娘和我通了电话，说卡是她的，我说不是已经注销了吗？她说在江宁已经销了，但在南京还能用。原来如此，幸亏我还没扔掉。她约半小时就到我的办公室，与卡上清纯的照片相比，多了一些岁月历练的沧桑，模样还是那样的，我简单核对一些信息，确定无误后，把卡交给了她，她自然是十分感激！

望着女孩离去的背影，我倒有些失落，本以为会有故事发生的。因为近千度高度近视眼，那个黄昏居然能在茫茫大地发现那张小卡片，对我来说是罕见的。一见卡片上的姑娘和我女儿是同年生的，就有亲切感，一种怜爱油然而生；而且是在家门附近捡到的，无形中总觉得有缘份藏匿其中，好像注定有故事要发生。朋友纷纷在我的微信中留言打趣，有的说我准备打姑娘什么主意？有的说是否从中找些创作的灵感？还真说不清，或许都有吧。结果这么一来一去，什么也没发生，以平淡而结束。今天看了博文后受到启发，不一定非有故事才写，平凡的人做着平凡的事，只要带着一份真情，一样值得书写！平凡中也有感动！

每天上班下班，吃饭睡觉，循环反复，在这种波澜不惊的生活中习惯了平淡，也在平淡中逐渐褪去生活的热情。有些时候盼望着生活中能发生点什么，能给无味添加调料，能让死水激起一方微澜，有些刺激、有些惊喜，给人生一些点缀才好。可日子就这样一天天过去，日复一日，年复一年，流水带走了光阴，青丝变成白发，生活依旧平淡。纵观一路走来，在人生的长河中，可能也曾有过一些坎坷，但绝大多数时候是平淡，平淡是一种常态，早已习惯了平淡。人生还是平淡的好！

心理堤坝　溃于蚁穴

相信大多数女性朋友都有这样的感受，每天早晨会为穿什么衣服发愁，拉开衣橱，面对琳琅满目的衣服，竟然有选择障碍症，哎，真的好纠结！这是一种奢侈的纠结、矫情的纠结，想来全是有钱惹来的祸。想当初，正是我们青春年华的时候，爱美的心思蠢蠢欲动，但却没有过多地选择去装扮自己，每季顶多两套衣服，一洗一换，没有想法，没有纠结，更没有搭配的烦恼。现在生活条件好，衣服多了，却为到底穿哪件而纠结不已。何止是穿衣呢？

同事小李最近有了点积蓄，夫妇就各自打起小算盘，小李一心想置办个车子，他不抽烟不喝酒不嗜赌，唯一的就是对车痴迷，之前他已换了几辆摩托，现在家里条件稍好了，他心里有了小九九，买一辆属于自己的车子。而妻子也有自己的打算，她觉得目前住的二居室有点小，夫妇和儿子各占一房间，每次家里来亲戚就为怎么住伤透了脑筋，她一心希望有个三居室，只要把现住的二居室卖了，加上积蓄，再贷点款就够了。各有各的心思，双方也谈不拢，也不忍心为此伤了夫妻感情。是买房子还是买车呢？小李想到那句古语，鱼所欲也，熊掌亦所欲也，鱼和熊掌不可兼得！小李夫妇为此纠结不已。何止小李夫妇呢？

前些日子有个小姐妹玉瑶通过朋友找到我，倾诉自己不幸的婚姻。玉瑶今年三十岁出头，通过父母牵线认识现在的丈夫，双方的父亲是一个单位的同事，相互看上对方的儿女，觉得各方面的条件都蛮般配。俩人也相处了一年多，也没发现对方有什么明显的恶习与不足，再说又是父母力挺，想来也差不到哪里，到了该结婚的年龄，就顺其自然吧。玉瑶就这样按着父母的意愿走进了婚姻的殿堂。婚后，点点滴滴的婚姻生活才让玉瑶渐渐明白，婚姻不是摆设，不是看起来般配就能生活得舒适，就像穿鞋，舒服不舒服只有自己知道，她和丈夫永远不在同一个节奏。比如玉瑶从小娇养，好睡个懒觉，休息天没有什么事享受慵懒多好，而丈夫是当兵出身，习惯早起，每到休息日就要求一家人早早起床，走出去享受阳光、享受自然，俩人总为此事弄得不欢而散。特别是两人的性格不合拍，玉瑶温和、性子慢，而丈夫性子急、情绪化，说不上几句话，他会冲东掼西，把家里砸得一踏糊涂。玉瑶觉得这样的日子实在没法过下去，她想离婚，可想到五岁的儿子，正处于心理和身体的成长期，她不想给孩子的成长过程留下阴影。离也不好，不离也不好，就好比“前有堵截、后有追兵”，眼下的玉瑶无比纠结！

同样，那年郭校长跟我说，高考他儿子发挥得超常，出乎意料考了600分，高出本一分数线十多分，应该值得庆祝啊！谁知郭校长却很纠结，他说本计划随便上个大专的，现在考这个分数挺尴尬，不上不下的，是上好一点学校差一点的专业？还是上差一点大学好一点专业呢？就好像是处在十字路口，是向左走呢，还是向右走，举棋不定。考出好成绩本是欣喜，报志愿却让他为难很久。这话让人觉得是牙疼话，却真正是郭校长的内心体验。

还有邻居老王热衷炒股，整天从他家窗户飘来喧闹声，时而高亢，时而低吟。有时是欢喜尖叫声，那是股市涨了；有时是埋怨争吵声，那肯定是股市又跌了。他家的声音是股市的晴雨表。可以想象他夫妇的情绪该是怎样的跌宕起伏啊！我常常想：这对夫妇的心理素质怎能经受住股市潮起潮落的冲击。

人是最复杂的感情动物，按照马斯洛理论，人是有需求的，从低到高共有五个层面，呈塔状分布，只有低层次需要满足后才能产生高层次需要，有了高层次的需要，低层次的需要依然存在。比如一个人有了自我实现的需要，同时他也有生理需要和安全需要等，所以越是文化高、能力强的人需求越多。因为需求就产生欲望、动机和目标，而且社会越发展，文化越多元化，人的欲望、动机和目标也越多，当这些欲望、动机、目标相互矛盾时，就会让人感觉到难以取舍、莫衷一是、不知如何是好。进而内心就会紧张恐惧、纠结不安，于是产生了心理冲突。像上面所说的既想买车又想买房的、两者不可兼得的烦恼；既想离婚、又担心孩子的矛盾；还有常常的不知道向左走或向右走的困惑；更有交织在一起如一团乱麻的思绪，剪不断理还乱。少量的冲突可以通过人的正常思维和判断来解除，古人在此方面也总结出智慧：两利相权取其重，两弊相权取其轻。如果冲突多了，人困扰其中不能自拔，破坏自身的代偿功能，心理就会出现崩溃。一个个欲望、动机、目标就像一只只小蚂蚁，导致的心理冲突就是蚁穴，积少成多，啃噬着心理的堤坝，如千里之堤，溃于蚁穴。

心理冲突就是一种矛盾心理，人人都会有，就是举棋未定、犹豫不决、取舍不下的感受和状态。如果引起这种感受的事件与现实联系比较紧密，是在大家可以理解的范围内，具有明确的道德色彩，只算是一种心理不平衡，还没有达到心理障碍的程度。但如果感受和状态持续时间长，并且出现“泛化”，即使是芝麻大的小事也会感到矛盾，越来越脱离现实，甚至让人觉得荒诞，这种心理冲突就意味着变性了。随之出现紧张、焦虑、抑郁、失眠、注意力不集中、记忆力下降等症状，不知不觉演变为各种神经症或者精神病。因此心理冲突不可轻视，平时要注重培养自己开朗果断的性格，“三思而后行”固然需要，但切不能过度谨慎，思而未决，最终前怕狼后怕虎，因此裹足不前；其次追求简单，即使做不到清心寡欲，也要尽可能节制自己的欲望，欲望多了无疑就增加选择的机会，从心理健康的角度来说我们尽量多做单选题，少做多选题。另外，争取社会支持。当自己遇到一些久而未决、莫衷一是时，最好不要去钻牛角尖搞得焦头烂额，而要转换思维，走出去，利用自己的社会支持系统寻求外援，找一个适合的高参，帮助自己出主意、想办法、做决策，有时亲戚朋友的一句话会指点迷津，会让自己豁然开朗。

腊月里，唤起了乡愁

夕阳西下，漫步于河堤边，路过农民拆迁公寓时，一阵油炸的香味随风飘来，继而又夹些炊烟味，渐行渐浓。猛然想起来已进入腊月，唉！过年了，这种年味只有农村才有。想起家乡，想起年少的时候，想起至爱的父母，如今这一切都离我而去，顿时一种乡愁涌上心头，溢满全身……

我的家乡原是一个江滨小村，一边有沪宁铁路线贯穿而过，一边有滔滔扬子江奔流不息。得天独厚的区位优势并未让我的童年远离贫穷，小时候生活是清苦的，但记忆中却是满满的幸福。最难以忘记是过年的日子，俗话说“小孩子巴过年，大人巴种田”。一到过年，有的吃，有的玩，还有新衣服穿，所以小孩子喜欢过年。少年不识愁滋味，不知道为了过个好年大小们所要付出的一年的辛劳。

记得儿时的过年，从腊月开始！

首先家家户户要杀猪，这是忙过年的第一要事，如果哪家没猪杀，那就意味着要过个穷年。我爸妈告诉我，自打那年我出生后，每年都要杀头猪，意即我生下后就没过过苦日子。每到过年我就盼望杀猪的日子，因为这天不仅伙食能改善，也是一年中比较热闹的一天。每次杀完猪，家人都会把猪血、猪内脏和部分猪肉分送给左邻右里，送给亲戚朋友。当然邻居杀猪时也同样礼尚往来，往往还人情时要略多些，这成为一种无须约定的惯例。余下的猪肉除留点春节用外，其余都腌渍起来，作为一年的荤菜时不时地改善伙食。杀猪当晚，就吃到猪血烧腌菜或者大肠烧腌菜，这是过年前的第一顿美餐，现在想起来也是回味无穷、垂涎欲滴！

腊月里做的第二件事是家家户户蒸馒头，记忆中也是热闹的场景。家乡叫蒸馒头，后来见过世面后才知道那不叫蒸馒头而是蒸包子，因为里面是有馅料的。记得那时我家常做三种馅的，一是青菜馅的，一种是糯米饭馅的，还有一种是红豆馅的，很少有猪肉的，全家人基本上可以根据爱好各取所需。蒸馒头是需要工夫，首先是面要发酵，没发酵好的面是死面，蒸出来的馒头不松弱，硬得像疙瘩；其次和面也很重要，要用劲才能把面和得透，这项工艺一般由哥哥做；然后就是擀皮子，接下来是包馅料，这都是技术活，比的是手巧，二哥、爸爸、妈妈负责包，包得好的，不仅工整而且弄出各种花型；包好后摆上蒸屉放在大锅里蒸，三哥负责烧锅，烧的是土灶，灶膛里堆起木材燃起熊熊大火，大约蒸上十来分钟，一笼雪白松软的包子就可以出锅了；最后一道工序是出笼后用颜料点上红点，以示吉祥。蒸馒头是全家人各负其责、共同完成，至少有四五个人才行，人少忙不过来。那时我在家里只负责最后一道工序：点洋红，有时也跟大人学着包，但因手小且技巧不够，包的包子老会开裂，以后外出上学离开家乡，所以至今也未学会。蒸好的馒头大约吃到正月结束，也在左右邻居以及亲戚中互相赠送、交换口味、品尝手艺。

我家腊月里比人家还多了一件事，那就是写春联，为此我家也成了当地的书香人家，爸爸写得一手好字，并且吟诗作联、出口成章，在家乡闻名遐迩，村里的百分之八十的对联都出于爸爸之手，每年从十天前开始一直忙到三十晚上。后来大哥三哥都能帮爸爸写，我呢，字写不好，就做些裁纸研磨的准备工作，因此也沾些书生气。大哥二哥三哥擅长刻窗纸，这也是技术活，先用硬纸板写好字画好画，然后雕刻成模板，最后用红纸剪成长方形垫在模板下刻成窗纸，挂在窗沿和门沿下，与春联中的横批相映成趣。哥哥们刻的窗纸有时家里用不完，我也会拿到街上去卖，一分钱一张，换点零花钱。

自从外出上学就离开家乡，后来参加工作，然后出嫁，一晃三十多年过去了，虽然每年也回家拜年，但一直没有参与过年的那些事情，但曾经的经历在年少时刻下很深的印迹。这些年随着城市化的进程，家乡建起了码头港口，从此变化日新月异。吊车林立，车水马龙，曾经的河塘沟渠填没了，记忆中的小路找不到，承载无数回忆的火车站已经废弃停用，家里三间老屋已经拆迁，父母驾鹤仙逝，哥哥嫂嫂住进小区的高楼，一些民间风俗也随之消失殆尽，进而演变成一种欲说还休的乡愁。诗人余光中写道："小时侯，乡愁是一张小小的邮票，我在这头，母亲在那头；长大了，乡愁是一张窄窄的船票，我在这头，新娘那头；后来啊乡愁是一座矮矮的坟墓，我在外头，娘在里头；现在乡愁是一湾浅浅的海峡，我在这头，大陆在那头。"而如今置身于日益喧嚣的的大拆迁大开发大建设中，心中平添几分别样愁绪，与余光中的乡愁背道而驰。我的乡愁是一条无法辨认的回乡路，是日渐模糊的记忆，是沪宁线呼啸而过的高速列车。

瑕疵无碍

去美容院必须有足够强的心理抵抗力，否则你的钱包非被掏空不可，姑娘们个个能忽悠，堪称营销高手！她们能在短时间内通过观察和交流抓住人性的弱点，让你进套，一环又一环，无意识地状态下慢慢进入迷宫，让你不由自主，让你从此找不着北！

自从一年多前我打算要活出五十岁的精彩冒然走进了美容院时，就仿佛走进了圈套，进去容易，想出来还真不容易，姑娘们的热情和贴心让你欲罢不能，一项又一项美容套餐让你难以抽身。前几日，姑娘又在我耳边循循善诱："你五官长得好，身材也这么好，皮肤底子很好、细腻光滑，唯一遗憾的是脸上有大面积色素沉着，形成了斑斑点点，如果能把这些色斑去掉，你就很完美了。斑点非一日生成，不可能轻易去掉，日常护理只能起到保养作用，你可以尝试做做微创项目，大约花上两三万元就可以了，这个基本能够做掉脸上的色斑"。

一时曾让我心动，因为价钱不少没有立马动手。心动过后，渐渐趋向理性。曾记得前几年也是脸上因皮肤角质层色素沉着形成大块老年斑，真正有碍美容，经同学建议并在同学所在的医院免费给激光打掉了。哪知好久不长，不久后脸上陆陆续续又长了十多个同样稍小的老年斑，真是野火烧不尽、春风吹又生，此消彼长啊！那段时间很为烦恼，后来女儿开导，都这个年龄了，脸上长斑不是正常吗？如今美容院的推销又让我想起女儿的话，都五十多岁，脸上有些斑又何妨，这正是岁月的见证。再说，真的把脸上的斑点全清除，难道真的完美没有遗憾吗？当然不会，还有挡不住的白发，逐渐松弛下垂的皮肤，日渐走样的身材，更让人烦扰的是记不住的近事却越发清晰的往事，还有无法点燃的激情，这难道不是一个个遗憾吗？何况还有很多很多人生的遗憾，怎么觉得完美呢？再说现在美容技术之高超，无所不能，可以开双眼皮，可以垫鼻子，可以拉皮去皱纹，可以垫高胸部装青春，六十岁的年龄可以做出三十岁的样子，那难道是完美吗？

过去不久的十月十日，朋友圈内十全十美的祝福铺天盖地，祝福家庭婚姻十全十美，祝福事业十全十美，祝福人生十全十美。我觉得这样的祝福不够真诚，有点海市蜃楼，虚无缥缈，于是我改换了祝辞：十月十日，祝福人生尽善尽美！

白玉无瑕当然完美，但是世间找不到无瑕的玉啊！其实一块洁白的玉上有一点瑕疵也不影响美观，有时反而是一种点缀。断臂维纳斯那不仅仅是瑕疵、是缺憾，而是残疾，却丝毫不动摇世人心目中女神的地位；有人说蒙娜丽沙如果微笑点不是更美吗？试想让蒙娜丽沙露出雪白的牙齿时，还会成为世界名画流传千古吗？就是那似笑非笑的神态让全世界痴迷。处于青春期的少男少女有一些迷茫和纠结，那是成长中会遇到的问题，只要引起思想上的重视，也未必无法控制，不会影响人生走向；心理上一些暗疾难以启齿，只要在可控的范围内，只要不影响大局，就共生共存吧，就像体内的癌细胞，只要不疯狂，安静独处一隅也不妨。我们要接纳不完美，要允许自身有这样那样的缺憾，允许洁白上有那么一点瑕疵，我们才有前行的动力。

世间没有十全十美，万物没有十全十美，人生没有十全十美，追求十全十美的人格是心理上不健康的人格，执着地往前走，说不定走进死胡同，撞了南墙也不回头；一旦认了死理，偏要个说法，说不定衍生出幻觉和妄想。还可能强迫性洗手，强迫性地数数，有强迫性思维，总是去反反复复检查家里门有没有锁好，煤气有没有关了等等，这些都是十全十美人格的产物。有位初三女生，成绩排名一直稳居第一，有一天考了第二名，她无法承受了，跳进冰冷刺骨的深井里。她的心理不能容忍不完美，她的人生不能有第二。

春天百花齐放，万物生长，可春天也是各种疾病高发期；夏天繁荣茂盛，却有酷暑炎热之苦；秋天可美啦，五彩斑斓、风清月朗，可也免不了秋日之燥，还有落叶飘零之惆怅；冬日呢，虽然到处枯枝残叶，却有一种宁静和高远之意境。有些看似很完美，实际裹胁着虚伪、假，如赝品；有些不完美却辐射出完美的气质，如维纳斯。

不怕瑕疵，只要真实；不求完美，只需和谐。

梅花香自苦寒来

在人生长河中，有些人一辈子是风平浪静，没有多少起伏波折；有些人平坦人生中偶尔遇到一阵狂风后卷起的浪花；也有一些人天生命苦、总是难得老天爷的厚爱，一路走来坎坎坷坷。梅不能断定就是命苦的人，但至少可以说是前半人生不是坦途。

见到梅是在百花凋零、落英缤纷的深秋季节，那天中午过后正准备上班，家里电话铃骤然响起。自从人人都用上手机，都忘记座机的存在，冷落在一角，因此觉得意外，想必是哪个不常联系的远房亲戚打来的，拿起话筒，一听叫着我全名的那称呼习惯、那语调和声音，就知道是几年未见的梅。

天高云淡，梅身着一件翠绿色外套，系着土黄色围巾，和这样的天气搭配得很协调，一种融入大自然的和谐，戴着医用口罩，即使到了我家里仍未摘下。梅说话还是那么爽快、声音还是那么清脆，眼神还是那么清澈，口罩遮盖外的部分还是透出红润的气色。这种状态谁能想到三年前她身患绝症，几乎被医生判了死刑?

梅在中学时和我做过不到一年的同学，都是高考冲刺的插班生，她比我来得迟，总是坐在教室的一角，埋头读书寂寞无声。后来我注意上她，瘦高的身材，乌黑的眼睛，高高的鼻梁，白皙的皮肤，正是我们十八九岁年纪羡慕和向往的美貌，因此对她有了好感。她每天独来独往，教室宿舍两点一线 ，不与他人多交流，一心只读圣贤书。每次考试她的成绩很好，特别是数理化，对我来说难于上青天的电流电压电磁感应，她却学得那么透彻，每次考试都是遥遥领先，于是更增添对她的佩服。在我心目中她就是一株俏不争春，冷艳高贵，于冬季中悄然绽放的腊梅。

后来，我们都考上中专，不同校不同的专业，彼此从未联系过。没想到三年后同一天我俩会到同一个单位报到。见面后都很惊喜，想到我俩还算有缘分，同分配到一个偏僻小地方工作，又曾经有过短暂的同窗情谊，心生“同是天涯沦落人”的感觉，自然走得比较近，加上我俩父亲都是教师，都是来自农村，家庭背景相似，所以比较处得来。不同的是她很务实，没有多少想法，我比较浪漫，是个爱做梦的人。工作不久，单位同事都很喜欢她的善良稳重懂事，有个领导做了红娘，给她介绍个干部子弟，双方情投意合，很快坠入情网，恋爱不到半年，她调到县城工作，随即迈入婚姻殿堂。在我们这个地处偏远乡村的小单位一时传为佳话，大家对她充满了羡慕和祝福。

没想到结婚不到一个月就传来不好消息，梅的夫君生病了，生的是重病，可谓福无双至，祸不单行，梅的公公无法承受突然而来的打击突发疾病抢救无效，顿时一家人陷入混乱中，而那时梅已有孕在身。不知道梅是怎样度过那样艰难的日日夜夜。刚步入婚姻，婆家就发生了如此不幸的事情，家人在悲痛之余，自然归因到梅的身上，加上婚姻本身的磨合，梅与老公及家庭有了裂痕，孩子生下后，她俩平和分手。梅搬进单位集体宿舍，那时我们几个同学常去陪她，她还是一惯的冷静和平和，没有任何的苦言和抱怨。然而没过多久他俩又复合了，尚在襁褓中嗷嗷待哺的孩子是破镜重圆、重拾婚姻的纽带，再说把家庭变故怪罪于梅也是没有理由的。开始我们几个要好的同学，出于一腔义气反对她复合的，但是她义无反顾地选择回归，一心一意抚育孩子，经营家庭，本来就沉静的性格变得更加没有声音，渐渐地就和我们没什么来往。直到我们都有了孩子后，才理解了梅当初的选择！佩服她当时的理智。多少个冬去春来，我们经历岁月沧桑，孩子也渐渐长大，有次偶遇，我俩便在一起吃个饭，拉拉家长，她还是那样，不随便说一旦说起来也能说，我俩聊了很多。她的夫君完全恢复，并且当上机关中层，孩子上了重点中学，当时她正脱产去外地大学深造。我羡慕她的洒脱，居然能丢下上高中的孩子离家去上学。她说有孩子奶奶呢，婆婆心甘情愿支持她，做她的坚强后盾。看得出她的眉宇间不经意流露出的是幸福，想她的幸福也是来之不易，真心希望从此以后她苦尽甘来，从内心为她欣喜为她祝福。

没想到过了几年，三年前的一天，偶然听说梅所在的单位有两人同时得了不治之症，都是我熟悉的，其中一个是梅。当时我五雷轰顶，随即从同学那儿得到证实。那些日子我很感慨，觉得老天太不公平，为什么让刚刚才过上好日子的梅又遭磨难？为什么病魔总是缠住善良无辜的人？为什么梅的命这么苦？那次我和同学去看她时，她已经几个疗程下来，人依旧苍白虚弱，对前去探望的我们好像很淡漠，不愿意多谈她的病情。于是我们带着担心和不舍匆匆离开，因为无法把握这种病人的心理状态，以后也不敢轻易去看望她，只能从他丈夫那儿了解她的情况，每次都听说正在治疗，效果不错。

今年春季，接到她爱人送来的孩子结婚喜帖，还在担心她的健康状况呢。那天在婚礼上见到她，衣着粉红色风衣，觉得她依然美丽端庄，妆容下自然看不出她的身体情况。酒宴上意外碰到另外的朋友，又说起梅的情况和家世，知道了一些我所不知道的一些情况，原来她比我想象的还苦，她从小就不快乐，娘家是孱弱的，母亲和兄弟身体不好，她是父亲的掌上明珠，也是这个家庭唯一的希望。朋友都说她是个苦命的人，在苦水中泡大，但我觉得她没有向命运妥协，始终在努力，虽然她没多大的理想，却脚踏实地，一步一个脚印地追求自己美好生活，向不济的命运抗争！

今天得有机会和她面对面，感觉她终于从黑暗中走出来，她与死神擦肩而过，仿佛凤凰涅槃；她曾经经历过种种困难，所以她现在能坦然面对、去回忆过往。她娓娓道来讲自己和疾病抗争的过程：那段时间她特别无助、恐慌和焦虑，但是求生的欲望也非常强烈，只要有一丝希望，她都会用百倍的努力去争取，哪怕抓住的只是一根救命的稻草。她是医务工作者，对病情发展和预后效果清楚得很，但是她选择不就此放弃，好日子才刚开始，怎能匆忙结束呢？她与医生商量最好的治疗方案，然后按部就班，一个疗程一个疗程治疗，不祈求多高的期望，只希望一天一天都能平安度过。就这样她用了一年多时间，完成了所有的治疗，艰难地走过四百多个日日夜夜。她知道保持轻松愉快的情绪是关键，她尽力让自己处于轻松愉悦的状态，她说因为强烈的求生欲望让她本能地排除一切不良情绪，为自己营造一个好的治疗环境，好的情绪本身就是一剂良药。她说那阵子正是女儿恋爱波动期和寻找工作的时候，任何一件事都会让做母亲的费心伤神。但为了自己的健康，她就自私一回。她告诉女儿所有的问题要自己解决，不要告诉她，不要影响她的情绪；她告诉丈夫和家人，就把她当作两三岁的孩子，凡事不要与她计较等；进入康复期后她没有立即投入工作，而是远离职场，把生活融入市井小巷，与小区大妈大嫂家长里短，让自己在毫无压力的背景下寻求生命的缝隙。在生死边缘她就是用这样方式有效地保护自己，所以那位同期得病的同事应中了医生预计的存活期，她却顽强地活下来！

任何奇迹的发生都不是偶然，必然有不同于常规的地方，生命也不是随便苟且的。梅在别人绝望的情况下能够坚持不放弃，她相信医学、选择正规治疗，不像某些患者因此绝望，比如演林黛玉的陈晓旭就是在死亡面前选择听之任之，温顺地等待死神的接纳。梅在治疗过程中不急不慢，一步一个脚印，专心致志，心无旁骛，不好高骛远，不急于求成，就如她对待人生的态度，目标很明确，上学时她就是埋头读书，不问窗外事，就为了跳出龙门；走入社会后，她就是要学会人情练达更好适应社会；到了谈婚论嫁的年龄，她就是要找一个适合自己的人然后出嫁。老天没有厚爱她，她却不屈于命运的安排，让坎坷的人生有了最好的结局。

寒冬中那枝悄然绽放的腊梅，经过霜雪的磨砺，越发芳香吐艳！

美容院的惊喜

前天，美容院的蓉蓉打来电话问我什么时间去做皮肤护理？我说最近在家休养，脚受伤了，等过几天恢复好了再去吧！她说："那你好好休息吧！"昨天下午，她又发来信息，问我是否在家休息，我回复她因单位有事又去上班了。她问几点下班？我说六点。到了六点，她告诉我已在我家小区门口等，我问她有什么事，她说不告诉你，一会儿会让你惊喜！哎，蓉蓉，又搞什么名堂？她比我女儿小五岁，从安徽来的，挺讨喜的小姑娘！待我到了家门口，她和美容院另外一个姑娘果然在等我，手里提了个塑料袋。蓉蓉说："听说你脚扭伤了，我们老板让送鸽子汤给你补补，老板是学中医，是她配的中药方，我整整炖了五个小时。"另一个姑娘接着说："鸽子是我早上从汤山带来的。"听后，我真是一阵感动，连声道谢！我说你们怎么来的，美容院离我家这么远，她俩说打出租来的。哎哟，打的至少十五六块啊，来回要三十多块！我更有点过意不去。我拉着她俩上楼，到家后要把罐子腾出来还给人家。塑料袋里是一个小砂锅，用保鲜膜包得紧紧的，揭开后，略带中药味的香气扑面而来，一只整炖的鸽子还不小，倒入我家的容器时，鸽子全散了架，确实炖的时间不算短了。此时，我觉得"谢谢"两字不能表达自己的心情，留吃饭她们不肯，只得连声说感动！

想来美容院自从换了老板后，经营理念变了，还经常给我们带来些小感动！端午节前，蓉蓉给我打电话，说是美容院给每个客户准备一点水果，让我去拿，顿感诧异！这么多年，我也换过三四家美容院，给客户送礼还没有过，真是大姑娘上轿第一回。本来嘛，小本经营，也赚不到什么钱，而且都是女人当家，把钱抠得紧。记得有家美容院春节给每个员工发八个苹果作为福利，一直觉得开美容院的人小气。那天我正好出差在外，就跟蓉蓉讲，不要了，自己留着吃吧。蓉蓉讲是我们老板的一点心意，一定要给你。于是要了我家的地址，硬是把水果送到我的家。出差回来后，老公说是什么人给你送来水果？两个芒果、两个火龙果、一串葡萄，确实不多，不值来去打的费，但是感觉情意是沉沉的，算起来几百个客户，对于小美容院也是不少的花费啊！

后来，我去过一次美容院，看到不少陌生面孔，服装也全换了，人也多了，有种全新的感觉。新来的老板问我贵姓，我报了姓名，她说："我听蓉蓉说过你，你会写文章，很佩服你，今天送你一个新项目，免费让你体验。"一会儿蓉蓉过来了，一套职业打扮，而且特别有精气神。我说你为何不穿工作服啊！蓉蓉说穿的就是工作服，旁边的姑娘说，蓉蓉升官了，当了什么班组长之类，所以工作服也有所不同。在替我做护理时，蓉蓉不停地夸新来的老板，说她学历高有水平，有专业知识就是不一样，还有她服务顾客的理念也是让人佩服！护理结束后，新来的老板也给我介绍新项目新产品，也是类似什么正在搞活动，机会难得等，意思让我立即掏钱续卡。这点让我觉得还是生意味太浓，本来的一点好感也烟消云散，我以没带钱为借口婉转拒绝了。但老板似乎不放弃，接着说，没关系，我让蓉蓉给你垫着钱。然后蓉蓉撑着阳伞，一直把我送上车。

其实，自从美容院搬到这里后，路远了，又不方便停车，第一次来这里因停车碰到他人车，赔了他人 400 元，自已修车花了 400 元，所以发誓这个疗程做完后不再续卡。但美容院新来的老板几次行为着实让人感动，让你欲罢不能！或许是她一种经营理念，先做人再做事；或者是她一种经营技巧，放长线钓大鱼。但她能俯下身子，从细节出发，从客户个性化角度贴心做好服务，让客户为之感动！让客户心甘情愿把钱掏出来放到她的口袋里，这是一种品质，更是一种智慧，达到一种功夫在诗外的境界，这就是她高人一等的地方。我觉得这个悦柏容克丽缇娜新老板将来一定是能干大事的老板！

下次我一定去续卡！

都是心情惹的祸

天气预报显示今天气温下降，顿时觉得冷空气周身渗透，蜷缩在被子里慵懒。一会儿收到远方朋友的短信：带着安静，牵着阳光，倾听阳光的声音……心，开始静了下来！于是麻利起床收拾。

过马路准备乘公交，车辆鱼贯而入，此时一辆车子在我面前停下，示意让我先过，感受市民文明素养在潜移默化中提升，心里涌动着温暖。此时，风吹在脸上也不觉得多冷，脚步也轻快了许多，路人虽然行色匆匆，眼里却散发出友善的光芒，天高云淡，城市忙碌而和谐。这一切都是心暖的效应。

想到昨晚的事，孩子的姑父请我吃饭，我起先推辞，下班已经很迟，还要匆匆忙忙去赶一顿饭，再说也不方便停车。但孩子的姑父一定让我去，盛情难却啊！到了孩子姑父家里，才知道他的新婚儿子儿媳今天旅行返回，家人相聚为他们接风洗尘。孩子姑父姑母的脸上有掩饰不住的喜色，一大家人围坐在不大的方桌上吃着、说着、笑着，纷纷称赞孩子姑父的厨艺水平大有长进，特别是今天达到顶峰。我说："是啊，今天不一样，他是带着心情去烧的菜"，于是大家转而称赞我，说我一针见血讲到点子上了。想来我也是实话实说，绝不是刻意奉承。儿媳第一次上门，还有什么比这更让父母高兴的事呢？喜悦的心情让孩子她姑父的厨艺发挥到极致。

同事小王平时工作主动自觉、认真负责，近些日子发现她不在状态，闷闷不乐，心思重重，工作常常要领导催促，说话也怨气冲天的，一向温和的小王怎会变了一个人呢？大家都感觉奇怪。后来，科室有人打听到，小王婚姻出了问题，她怀疑老公有外遇，但是证据也不充分，夫妻关系处于僵持和冷战状态。

原来这一切都是心情惹的祸。这个叫心情的女子如此神秘，如此令人捉摸不定，让人欢喜让人忧！

心情有个学名叫心境，是情感中的一种，也是最低弱的一种情感，她与热情与激情是同胞姐妹，热情是她的二姐，激情是她的大姐，她们姐妹仨性格相似、气质不同。

心境温和而柔软，如微波荡漾。她不像姐姐们那么刚烈，但她具有很强的渲染性和渗透性，她若春风化雨，润物细无声。她让周围的一切事情都染上同样感情的色彩。一个受到领导表扬的人，会觉得心情愉快，回到家里同家人会谈笑风生，遇到邻居会笑脸相迎，走在路上也会觉得天高云淡；而当她心情郁闷时，在单位、在家里都会情绪低落，无精打采，看天空是灰色的，看鲜花是黯淡的。

心境如小溪流水，细而绵长，她也不像姐姐们那样具有很强的暴发力、却有持续不断的韧性和坚持。心境产生后要在相当长的时间内主宰人的情绪表现，甚至成为人一生的主导心境。如有的人一生历尽坎坷，却总是豁达、开朗，以乐观的心境去面对生活；有的人总觉得命运对自己不公，始终带着一颗郁闷怨恨的心。像林黛玉那样，生性多愁善感、敏感多疑，一生都沉浸在谨慎抑郁的心境中，景随心走，境随心转，对花落泪，对月伤情，于是就有了千古绝唱《葬花吟》。

心境产生的原因很多，人生中的顺境和逆境，工作、学习上的成功和失败，人际关系的亲与疏，个人健康的好与坏等都可能引起某种心境。当然心境并不完全取决于外部因素，还取决于一个人的世界观和人生观。一个有崇高追求的人会无视人生的失意和挫折，始终以乐观的心境面对生活。我们伟大领袖毛主席在转战南北的长征途中，不畏艰难困苦，写出“数风流人物，还看今朝”的豪迈诗句！体现了革命浪漫主义的情怀。

心境可以说是一种生活的常态，对人们的生活、工作和健康都有很大的影响。可以划分两大阵营：一是积极心境，如愉悦、快乐、欢喜、自信等；二是消极的心境如厌恶、埋怨、嫉妒、自卑等。积极良好的心境可以提高学习和工作的效率，帮助人们克服困难，保持身心健康，拥有一个温暖幸福的人生；消极不良的心境则会使人意志消沉，悲观绝望，处于人际困境，甚至会导致一些身心疾病的发作。

我们要做心情的主人，用良好的心情主宰人生。

心想事成

腊八傍晚，飘来了今年冬天的第一场雪，这样的场景很适合围座夜话，于是几个好友相约聚聚，选择了一处新开业、曲径通幽的茶馆。下了车子，还要步行一段路，雨雪交加路很滑，与朋友说话之际，不小心一脚踏空，跌了个趔趄。在朋友搀扶下我勉强站了起来，当时觉得疼痛难忍。这时另一位朋友说："她每天坚持爬山，没事的"，这样一说，我反而有点不好意思，只得丢开朋友的搀扶，若无其事地说："是的，没关系。"到了茶馆也不能干坐，就打起"掼蛋"，一玩起来，注意力集中到牌上，几个小时竟将疼痛置于身外。因很久没这样玩过，那晚心情很好，真正是轻松愉悦，打起牌来也得心应手，要风得风，要雨有雨，一路领先。本来我牌技就臭，从来都是输多赢少，不想今天却跌出好运来了。有一牌抓了 2、3、4、6，全单着呢，我心想要抓个 5 才行，否则这牌打不起来，于是心里默念一定要抓个 5，而且心里特别笃定，待抓到最后一张时，一翻果然真是 5，这样把单着的几张小牌全连起来，我感谢幸运！还有一回我当了下游，按规则要进贡给上游最大的牌，上游则要返还一张给我，当时我的牌也是单着几张 8 、9、10、J ，同时手中有四个 7 是个炸弹，如果拆个 7 凑连队也可惜，就好像拆散一个家庭是为了再组建一个家庭。于是希望对方能给个 7 ，那样就很完美了，没想到对方真的就摔给我一张 7 ，我感谢对方的默契！奇了，打了这么多年的牌，从来没有今晚这样的好运气！于是一晚上所向披靡，二局二胜，痛快淋漓。晚上心情一直很好，上床安然入睡。一觉醒来已是第二天清晨，回味前晚的事，意犹未尽，虽然事小微不足道，但在我来说也是不多遇的。首先是重重地摔了一跤，一夜不痛不青毫无反应，这很奇怪？二是摔倒后没有像往常那样说一两句诸如“真倒楣”“该死的，这烂路”抱怨的话；三是打牌过程中一路好运，要什么有什么，心想事成，这也是很少有过的。总之，昨晚是牌运好，心情好！要是这样的境况一直跟随我，那该是多么幸福美妙的事情！牌好！心情好！到底哪个在先哪个在后？谁是因谁是果呢？这值得心理学者去研究，让一切美丽的偶然变成必然！

我算是一个低调踏实的人，有些时候低调得有点悲观，凡事我会从最坏处着想，似乎把最糟糕的地方都想到了，把最不好的结果想到，当坏的结局真的来到时，就不会那么惊慌失措。如果出现好的结局，就好像捡来个意外的惊喜。这样虽然落得心里踏实，却久而久之形成低调的思维模式、自卑的人格特点，感觉笼罩着失败的阴影，不敢奢望幸运的光临，不能乐观地描绘锦绣的未来。很久以来，我一直试图在改变自己，打破日久形成的思维方式，扭转不太积极的性格特征。可是很难，正应中了那句“江山易改、本性难移”的古训。但是我始终相信只要付出努力，必定会有结果，就如那春风化雨，润物细无声，潜移默化地发生变化，由量变的积累才能实现质变。终于我为自己腊八那晚感到欣喜，好比清晨于窗帘的缝隙窥视到一缕曙光。

人的想法能够坚持下去就是意念，意念一直执着下去，达到顽固的地步，就会不断地积聚能量，能量多了就会形成强大的气场，操纵自身行为，从而出现人类觉得不可思议、超自然的结果。这不是迷信是科学。道法自然是普遍规律，人定胜天就是规律之外的奇迹。心理学有个实验，讲有个女孩相貌很丑，她很自卑，于是不求上进，生活上邋里邋遢，破罐子破摔，一个心理学家想改变她，于是跟她周围的人都商量好，每天看到她都要称赞她长得漂亮，刚开始时她自己怀疑，时间久了，她也相信自己真的漂亮，于是变得积极上进，也越来越爱打扮自己，最后她确实漂亮了。以前，我在一个中学看到校园里许多地方都竖着“我能行”的牌子，这非常好！就是让学生通过意念积极暗示自己，树立起自信心，然后改变行为。相反如果不断给自己灌注消极的意念，就会在自己的周围积聚越来越多的负能量，从而减弱自己的气场，运势就会越来越背。比如一个初出茅庐的年轻人上台演讲，如果不够自信，老觉得自己不行，结果是真的讲不好。前几天，看了微信上发的一篇文章，题目是《担心，是一种诅咒》，讲的一样道理，你如果担心什么，就给自己注入一个消极的意念，意念过大，能量就大，大到辐射到你担心的人身上，让你担心的事情发生。有个成语“说曹操，曹操到”也是这个道理，你想念某人，意念向对方投射，当能量达到一定程度时，对方就可以感知到，心灵感应就是这样来的。

心想事成，原是我们对他人的一种良好的祝愿，心诚了，执着了，心诚则灵，也真的会促发愿望的实现，不仅是对自己也是对他人！

跬步积千里

（工作篇）

我们愿望生命永远快乐，

彼岸花开，在文字里散发光芒，

简单隐含深奥平凡，孕育伟大！

——作者题记

做好本职才是正道

我所住的小区保安真不错，工作还蛮负责的，不管是白天还是夜晚，每两个小时总要巡视小区一周。那晚吃过饭后我也在小区走走，听见保安打着手电筒对着楼上大声喊道："P701 车子是哪家的？"我走过去问怎么回事，保安说这辆车车窗没关好，一看果然是，副驾驶位的窗户根本没关。我来回走了几趟也没有发现，可见这位保安也挺心细的。足足喊了有五六分钟，五楼终于有人探出头来，说是他的车。我称赞这位保安工作敬业负责，保安说："这是我的本职，我就是干这个事的。"很朴实的一句话，听后我很感动。因为不是所有保安都能把工作做得这么认真细致，这么敬业到位。有的保安就坐在值班室内不按时巡视；有的虽然巡视但只是走过场而已，既使发现异常也视而不见；也有的发现问题后不积极处理，得过且过，敷衍了事。而这位保安巡视很认真，黑夜中能够发现车窗未关，并且一直找到车主方才罢休，这种工作精神值得点赞！如果我们每个人都能把自己那份该做的事认真主动做好，不偷懒，不敷衍，尽责尽力，我们的国民整体素质都会得到很大的提高，我们的社会会少了很多的矛盾，会更加文明和谐。

我们经常会好高骛远，不满足现状，总以为自己能干更大的事，对自己的本职工作不屑一顾，于是拼命追求工作以外的业余爱好，到后来种了别人家的地，荒废了自家的责任田。想想自己就是这样的，因为厌烦职业路上的寂寞和清苦，宁愿去机关递茶倒水，因此丢掉所学的专业。而我不少的曾经同行因为坚持，已成为领域内的专家。记得实习时所在的医院有我比较熟悉的三位年轻才俊，80年代初期医学院本科毕业，当时都是医技一流，令人称羡，都应该有很好的发展前景。后来呢？其中一个热衷炒股，走火入魔，让优秀的妻子无法忍受，离他而去，他终日怀才不遇，郁郁寡欢，终患癌症英年早逝；另一个向往外面的世界，身在曹营心在汉，投入做生意大潮，结果无暇顾及家庭，孩子没教育好，并且负债累累，到处躲债，被迫辞职，生活无着；而第三位则一门心思当自己的医生，不受花花世界的诱惑，潜心研究专业，不仅成为一科的专家，而且当上副院长。三位在同样的起跑点，却有迥然不同的结局。所以当你还没有足够的把握时，还是安分守己的好，首先把自己的本职做好，即使你有很多的想法。

联想到现在一些部门也是这样，一味地搞创新，丢弃本身的主业，大张旗鼓去做与其不相干的事情，甚至达到了劳命伤财的程度。比如宣传部门应该把握舆论导向、引导理论武装、搞好意识形态才是主业，却把大部分精力搞文明创建，整天弄什么文明指数测评，坐而论道，脱离实际；纪检部门就要抓好廉政教育，查案办案，而不是涉足经济领域、重点工程项目和重要工作，搞所谓的督查；维护好妇女儿童的合法权益是妇联的主业，做好维权就好，没必要为了“有为才有位”而四面出击，面面俱到；还有想不通的是组织部门抓学教活动，本应是宣传部门做的事，组织部门却乐此不疲，轰轰烈烈。

所以我觉得每个人、每个部门都要把自己该做的那份工作做好，做到精细。每个人首先把做人做好，把作为饭碗的本职工作做好，然后把自己家庭经营好，不要影响社会的稳定。助人为乐当然好，但前提是做好自己的事情，做好本职才是正道。

不出户，知天下

昨天是4·23，是世界读书日，有关倡导读书的文章铺天盖地。过了读书日，今天我也想谈谈读书的体会，避开“一窝蜂”的喧嚣，感觉到更贴近读书的意境。

我不能说自己就是个读书人，但在当今不太崇尚读书的年代，与周围人相比，我是个稍比较喜欢读书的人。不知道自己是否会读书，或者是否真的读进去了，反正会经常逛逛书店买几本书，也常常手捧着书装模作样地读着，至于读的效果如何，也就不管它了。读书的习惯是受父亲影响，父亲是当地的文化人，喜欢书。记得小时候虽然家在农村，但我家的书是很多的，不夸张地说，一个生产队人家的书加起来也没有我家的多，但父亲也有个习惯，买的书比看的书多，大多数的书闲置在家中。每到梅雨季节过后，父亲总会把书统统拖出来晒，人家晒霉是晒衣服，而我家晒霉是晒书，成为村里一道风景。我也继承爸爸的习惯，不论是从前单身的时候住集体宿舍还是成家后有了自己的房子，每到晒霉季节，我也喜欢晒晒书，一度成为同事邻居的笑谈。但我的毛病是在应该读书的时候不好好读书，上学的时候贪玩，后来工作了成家了，我却想要读书，但限于时间和精力，还是买的书多读的书少；另外不太喜欢读名著读经典，因为这些书晦涩难懂，所以知难而退，现在想想还是心不够静所致；人到五十真的想读书、能静下来读书、也有足够时间读书时，却因为视力影响不能长久阅读。所以坚持阅读也不是件容易的事情。

我认为读书与不读书是不一样的，偶尔读书与坚持读书的人也是不一样的，阅读的过程也是成长蜕变的过程，这种变化是潜移默化的、是润物细无声的。坚持读书的男人一定是稳重儒雅的，坚持读书的女人一定是诗意淡雅的。

读书的人更有自信，是一种深入骨髓的自信，不显山不露水。因为书读多了，你就是站在巨人的肩膀上，站得高才能看得远，看到别人看不到的风景，懂得别人不懂的东西，内心就有了妥妥的笃定。

读书的人更博大，书会带你跨越千山万水，会带你访古探幽；书会让你谙熟经史，会让你能通晓中外，会让你知道山外有山天外有天；书会让你以史为鉴，在历史长河中去论成败、权衡得失。你尽可以不出户知天下，因此读书不仅充实你的灵魂，还博大你的胸怀。

读书的人更优美，读书的人有知识的濡养、有墨香的熏陶、有岁月的滋润，自然收获美丽的容颜和肌肤，正如古人说：书中自有颜如玉。读书人还能及时修正自己的言行举止，去粗取精，去瑕补疵，在岁月中沉淀出一份风韵来。细数流年，美女很多，还是那些舞文弄字的女子经得起历史考证、岁月淘洗。像民国时期的林徽因、张爱玲，在我们心目中美的无人可敌。

读书的人是高雅的，有书则不俗，即使生在偏僻的农村，土得掉渣，只要你爱读书，也能透过粗朴的外表看到不凡的气质，所以说腹有读书气自华。比如，余秀华，一个地道的农村女，而且是脑瘫患者，她硬是用握笔都不稳的手指、走路都摇晃的躯体磨炼出诗意的人生，当她聚焦于媒体镜头时侃侃而谈，谁还看出她是个农村残疾妇女？

读书的人更谦逊，在书中你可以穿越历史、穿越时空去会见名人、和伟人对话；在书中你可以仰望高山、眺望湖泊、俯瞰大地，与高山、湖泊、大地为伍，那时你就会觉得自己微不足道，没有足以让自己骄傲的资本，因此你会不知不觉变得谦逊，就会懂得尊重别人，所以大多数读书人都是谦谦君子。

年轻时我喜欢读励志的书，特别喜爱《简爱》，对我人生观价值观打下很深的烙印。中年时读了许多有关女性方面的书，比如如何做个女人、如何做一个女干部、如何修炼魅力等主题。后来从事妇联工作、多次获得工作创新奖不能不说与之前读书有关。年近五十后，更喜欢读心理学、修性养生方面的书，尤其喜欢看毕淑敏的书，因为我和她有相同的经历，同是女性，从过医，做过心理医生，读她的作品常常激起心灵上的共鸣，更喜欢她文笔的流畅。于丹曾说过阅读有两种方式，一种是无用阅读，一种是有用阅读。有用读书目的性太强，需要时就千方百计寻找，不需要时就束之高阁，有“用得着菩萨供菩萨、用不着菩萨砸菩萨”之嫌，我不喜欢这样的人格，但有用读书还是需要的。我更喜欢无用阅读，没有目的性地阅读，办公桌上放一本，枕头边放一本，沙发上放一本，甚至卫生间也有一本，闲来时随手可以翻翻读读，这种方式更容易培养读书爱书的习惯。女儿工作后几乎不大读书，有一天我去她的宿舍，没有看到一本书，我很痛心，多次鼓励她要读书，养成读书习惯，她却认为每天看微信也是一种阅读。我不以为然，手机阅读是不能代替书本的阅读，那是不系统、碎片化的阅读，不但没有阅读的质量，而且也少了书本的墨香，因此也远离了书卷气。

好后悔，读的书还是太少！

放开二胎，我有话要说

党的十八届五中全会公布全面放开二孩生育政策，顿时全国像炸开了锅，引起一遍沸腾，可以说悲喜交加，维持37年的国策顷刻间倾塌，对于亲历者我是感慨万千，有话要说：

我原想生三个孩子

我天生就是个浪漫主义者，从懂事起就憧憬着能和心爱的人、生一群孩子在一个岛上过着日出而作、日落而息的简单而幸福的生活。食了人间烟火后渐渐面对现实，按平常人的轨迹结婚生女。那时还期望至少要三个孩子，我很传统，也非常喜欢孩子，觉得作为女子生了三孩子才过瘾，当老大、老二、老三呈阶梯队站在面前，母亲会由衷地滋生出一种自豪和威严，当然也会激发出内在的善良与母性而增添无限魅力。也可能受行为心理学家华生的影响，他说过如果给他十二个孩子，他能任意地把他们培育成科学家、医生、律师、文学家或者盗窃者、囚犯，为此激发我生育孩子的欲望。孩子就是自己的作品，能成就母亲的梦想。假如我能生三个孩子，我也会把他们培养成不同类型不同性格的独特的个体，即使有遗憾，下一个可以弥补。可是残酷的现实是我们赶上了计划生育的时代，一对夫妇只能生育一个孩子，更加不幸的是我们还是体制的人、是吃公家饭的人，身不由己，一个孩子生下来自觉去上环，偶尔意外也不得不忍痛人为地胎死腹中……因此为了国策我们是奉献的一代，也是悲哀的一代。

我曾提出要放宽计划生育政策遭到驳斥

1992年我考到县老龄委工作，与县民政局合署办公，几年的工作经历让我深刻认识到我国人口老龄化所面临的严峻形势，1997年为了完成党校本科班毕业论文，我对全县人口老龄化的现状、存在的问题进行了调研，并提出了相应的对策。60岁以上老年人口比例达到十分之一就是人口老龄化，我县90年代初期就已进入人口老龄化，预测按照现行人口政策到2025年我县人口老龄化达到高峰，四个人中就有一个老人。越是经济发达的地区人口老龄化越严重，发达国家比我们先步入人口老龄化，但是他们是先富后老，而我国是未富先老而且人口基数大，所以人口老龄化形势更为严峻。老龄问题不仅是老年人问题，还会带来经济政治文化等一系列发展问题。因此各级党委政府必须未雨绸缪。我提出应对措施中有一条就是：适当放宽计划生育政策以增加生育来缓和人口老龄化，依据是发达国家就有鼓励生育政策来应对老龄化。此语一出，一片哗然，在毕业论文答辩会上遭到老师驳斥：计划生育是国策，岂能动摇？好在最终还是通过了答辩，但此事在我心中留下不可磨灭的记忆。前年群众路线教育活动区委书记调研会上我又提出应对人口老龄化问题，呼吁各级政府尽快重视。

我曾经是计生工作者

1989年到1990年左右我还在医院工作，所在的乡政府集中一批计划生育服务对象做节扎引流手术，我被抽出来参与这项工作，亲身亲历感身颇深。一个病房住了三人，每家都是丈夫拖儿带女全部上阵，有的还带来煤炉，过道里血腥味、身体味、奶香味、煮汤的味混杂一起，至今难忘。一位妇女已经有两个女孩，但又身怀六甲，躲不过政策的严厉不得不引产，引出时是个发育完好的男孩，足有八斤重，当时我看得心痛，这一切都不可能让当事人知道。九五年我被抽到陶吴镇参加计划生育工作队，当时的计生助理骑着轻骑带着我走村入户，做孕妇的思想工作，一孩上环二孩节扎，真佩服基层计生干部的韧劲，不达目的不罢休。1997 年我又被组织部下派到陶吴当镇长助理，协助副镇长抓计划生育，那位副镇长是男性，抓计生有经验，练就火眼金睛。有次去乡镇企业，他一眼看中一个姑娘模样的人已怀孕，后一查果然孕在身三月有余，简直让我佩服不已。还记得县计生局长，一个堂堂男人下乡指导工作，在田间地头在路边门口碰一个个育龄妇女，他都会凑上去问声：你上环吗？弄得在一旁的我都面色绯红，好在那个年代，大家都习以为常。1999 年我调到谷里当副乡长，分管计划生育工作，我的计生助理是个兵来将挡水来土掩、能说会道、相当会做群众工作的老把式，遇到什么棘手难事都不让我出面，我只要在办公室内遥控指挥、运筹帏幄。可我也想了解基层工作，锻炼自己做群众工作的能力，他建议坐在车里，不暴露身份，可以观其事态变化发展。有位小妇女领了结婚证四个月已怀孕八个月，还没有生育计划，眼看就要生了，不符合计划生育政策，如生下来村乡两级一票否决，从村支书到乡计生办、分管领导和党委书记都受批评扣奖金，此事非同小可。计生办主任亲自出马多次上门做工作未果，小妇女七躲八藏不露面，主任建议要采取强硬措施施加压力，先把一间房的瓦揭了，我同意，也来了现场，老百姓也不认识我。主任带着几个村干部从梯子爬上屋顶，家人见动真格，急了，挑来粪桶，往村干部身上泼大粪。男人们使硬在激烈斗争，我以普通工作人员身份使软做家里老婆婆工作，意即让其媳妇回来，先把胎打掉，再怀孕，反正媳妇也年轻，也不差这几个月，何必跟政策对抗？老夫人望着我，有几分轻蔑说：“你姑娘家不懂，就像地里的菜，长得好好的，非要拔出来，再重栽？”我说我也不是姑娘，女儿也上小学，也是独生子女。老夫人有些怀疑，不听劝说，拂袖而去。揭了几片瓦给些威慑，我示意立即停止行动。第二天村计生专干传来信息，小妇女已回来同意去引产。后来我调到妇联和民政局工作，仍是区计生领导小组成员，或多或少地为计生事业工作奉献着。就是在这高压政策下，固化了老百姓自觉生育意识，形成具有中国特色的独生子女一代。一批批计生工作者前赴后继，为推进计划生育国策控制人口总量奉献了青春热血，记得我所挂职的镇分管计划生育的副镇长说过退休后她会和丈夫书写《我的计生之路》，她丈夫是中学校长，遗憾的是未到退休之时，她便病倒在岗位上，不知后来她丈夫是否帮她完成心愿。

计生工作的经历太丰富，话题也太沉重，想说的故事也太多，今天仅说点以纪念二胎政策的全面放开。

策划人生

久未谋面的亲戚突然造访，相互叙旧，说说家事，交谈甚欢。在外人面前，我不是很善于表达的，大多数时候听的多讲的少，他在讲了自己的近些年境况，也问起我的情况。在得知我十几年职位没什么变化时，不由自主地嘘嘘几声，这其中既有叹惜似乎又有些轻视。

在社会摸爬滚打多年，从本地打拼到外乡，世事已把这位亲戚磨炼成名副其实的江湖派系，从他已夹杂着外音的谈吐到他那略带沧桑的脸庞显示着不简单。他语重心长地说："你身边缺少一个人为你策划，在官场也好职场也好，光有能力是不够，能力人品都具备也成不了事，真正成功的人生是善于策划。"说起他的孩子，他挺自豪地说，是他一次成功的策划。他的儿子说实在的，挺普通的一个孩子，上学时成绩不甚好，勉强上了职高，看高考无望，他利用自己的部队资源送孩子参了军，而且用的是外地名额，当时就觉得他的能量挺大的。他把孩子安排他所在城市的驻军部队，平时更加紧原有人脉资源的感情巩固，大家心照不宣，把他的感情投入回报到他儿子仕途发展上，他原也是军人出身，谙熟部队的规则，从大事小事一步一步为儿子策划好，比如该去军校上学了，或者需要立功的资历，每一个环节都精心设计。真是事在人为，只要功夫深，没有办不成的事。好在他儿子虽智质一般却为人厚道，一切听从父亲安排，从班长到排长，刚到三十已职至副营，月工资六千多，而且在父亲眼中前途看好，对儿子充满了信心。

他认为儿子就是精心策划的杰作，至少他自己满意，亲戚中都认为他对离异后判给对方抚养的儿子已是尽心尽力了，他的儿子目前也确是同龄人中的佼佼者。

转而谈到我，说我在官场上没有好好策划，否则不至于十六七年在一个职位上原地不动。想想也确实如此，虽然工作上屡出创意，曾经策划的“亲情五线谱”活动被中宣部推广，上了央视新闻联播，成为区十大新闻之一。但在人生策划上则是败笔，可以讲从来就没有策划过，说好听的就是服从组织安排，实际就是浮萍，随风漂泊，漂到哪儿是哪儿。同样对女儿人生规划也是放任自流，讲起来是民主，有时想提建议，结果总是无奈。

佩服周围不少朋友同事都能让孩子按着自己的意愿设计人生走向，这样至少少走弯路，比如我曾经的领导让女儿能读本一的分数上本二的警校，大学毕业就进入公务员序列，无就业烦恼，工作在男性群体中很快觅得如意郎君，走了一条令所有父母都满意的人生道路；还有一位同学让大学毕业的儿子参加选调生选拔，基层工作没几年就提拔处级领导，等等。父母用自己的人生经验为孩子指点迷津、规划方向，这本是有利无害的事情，为什么许多年轻人就排斥，非要自己做主。我的女儿是这样，侄儿也如此，放弃选调生去当公务员的机会，执意去读研当一名为个体户打工的设计师？他们选择对否今后由实践来检验，至少让孩子们做到他们青春自己做主，将来吃苦也好精彩也罢，他们得为自己的选择负责！

马拉松，我来了

以为马拉松是多么遥不可及的，没有想到有一天我能置身其中。今天，我就来了！

清晨五点在闹铃声中起床，洗漱完毕，弄点吃的，匆匆向集合点进发。六点整，单位十五名同事全部到达，个个精神抖擞、意气风发。本来还担心这些小年轻会贪床而缺席，真是多余了，大家来得比我还早。

之前听说我区要举办国际马拉松比赛，心想不足为奇，这对于常常举办国际性比赛的堂堂大江宁来说不过是小菜一碟。刚刚与亚青赛、青奥会握手告别，又迎来马拉松比赛，江宁真是赛事不断啊！三月底区级机关工委发了通知，要求机关干部积极参与，并分给我单位 15 个名额。想来这是年轻人的事，与我们中老年人没什么关系。到了报名截止日期，单位负责工会的同志说，没几个人报名，恐怕难以完成任务。那不行啊，百十号人的单位连 15 个名额都完成不了，说出去不好听的。再说如果区机关工委较真，年底考核扣分，那可不得了。于是工会挨个给科室打电话，动员大家参与，结果报名情况仍不理想。原因是周六占用休息时间，此外又不能承诺买运动服装。好在一同事带着儿子侄子报名加入队伍，刚好还差一个，我只好滥竽充数，报名参加。

女儿听说我参加马拉松赛，问我是参加半马还是全马？好像都不是，是乐跑吧。马拉松还有这些名堂？于是百度搜索：马拉松赛源于希腊的一场战争，在希腊的马拉松平原，希腊赢得了与波斯人进行的战争。为了把胜利的捷报迅速传递到雅典城，就派一名叫菲迪皮茨的战士跑步到雅典，一路上菲迪皮茨没有停歇，精疲力竭，上气不接下气，到了目的地，激动高喊，“欢乐吧，我们胜利了”，便去世了。为了纪念这位死去的战士，在首届现代奥运会，就以这一史事为背景设立比赛项目，并将其命名为马拉松，赛程总共42.195公里，是从马拉松到雅典城的距离。不参加不知道，一参加还增长了知识。

这次以“春牛首”命名的江宁国际马拉松比赛也分全马、半马和乐跑三个项目。全马从正方中路起始，途经大塘金、朱门、黄龙岘、花塘红楼村、谷里花卉园、大塘金，再回到正方中路。全程正好42.195公里。半马到从正方中路到朱门，21公里。乐跑从正方中路到太塘金，全程5.5公里。正可谓“醉翁之意不在酒，在乎山水之间也”，政府举办马拉松赛在强化全民健身意识的同时，更是为了宣传展示江宁区美丽乡村旅游。这次设置的路线正好是西部乡村旅游核心区，一路上运动员还可饱览秀山丽水，鲜花芬芳，茶香飘溢，足以赏心悦目。

到了马拉松比赛起点，人山人海，气球高扬，直升机、无人机在头顶盘旋，男的身着白T恤，女的身着玫红T恤，工作人员着草绿色。鲜艳夺目，不分年龄，人人洋溢着青春气息。置身现场，无一不被热烈气氛所感染，在著名主持人韩乔生鼓动下，大家都很兴奋，高唱国歌，热血在每一个身体内流淌，力量在足下积聚。这种场面人生能有几回？不来真的会后悔！蠢蠢欲动，只听鸣响，八千多名的运动员宛如一股洪流开始在正方大道上缓缓移动……

国际性比赛自然规模不小，有来自十几个国家的运动员参加，听说肯尼亚马拉松名将也加盟此次活动，参加全马有一千多名，半马有两千多名，乐跑有四千多名，多么庞大的一个队伍啊！这次春牛首国际马拉松赛与其说是一场体育盛事，不如说是全民狂欢节，马拉松赛途中有大鼓、娃娃鼓、腰鼓、太极拳等种类繁多的民间艺术表演。比赛队伍中也出现“孙悟空”“财神爷”“猪八戒”等造型装扮，活跃竞赛场上的气氛，还看到“美女在前面，猪八戒在后面追”的搞笑标语，一路上两岸风光，笑声不断。

我参加的乐跑项目，人潮涌动，我摆好架势，小跑前进。虽然平时坚持走路，自以为有些基础。到了比赛场合，和年轻人比拼，显然体力稍逊。约跑了十分钟不到，便气喘吁吁，只得由跑改走。一路上，走走跑跑，不算吃力。到了终点用了50分钟，比平时走路成绩略好，但和单位同事相比差远了，所以不服老不行。那些小年轻同事平时不锻炼，真的跑起来还是潜力无穷啊，我这个老同志是比不过他们的！单位还有一同事参加全马，真牛！由衷佩服年轻人。

真是乐在参与，我平时也不爱参加集体活动，能躲则躲，能回避尽量回避。今天参加马拉松比赛，颠覆我的习惯和观念。融入集体真好，心情愉快。好久没这么开心了，今天真像孩子，激动兴奋溢于言表。运动状态真好，忘记自己的年龄，热血沸腾，心中永葆青春。

为了永远的铭记

感谢组织部安排的党性教育，才有了这次沂蒙之旅。很久以前听《沂蒙小调》和《愿亲人早日养好伤》，优美的旋律和动人的故事让我向往那里的山山水水，热爱那片土地上淳朴而善良的沂蒙乡亲。终于有机会踏上这片神奇的土地，心中充满了激动和期待。

临沂市兰山区党校的老师，既担任我们现场教学的辅导，又是我们这次沂蒙之旅的导游，一路上给我们讲、让我们听、带我们看，于是跟着他一起穿越时光的隧道，亲历炮火连天的战场；和他一起沐浴弥漫的硝烟，感受沂蒙人民的深情厚谊。一段段历史，发人省醒；一桩桩故事，感人至深。我们一次次泪流满面，一次次悲痛得无法呼吸。特别是一个个沂蒙大娘、大婶、大嫂、大姐、小姑，这些沂蒙姐妹们、这些伟大的女性，她们的亲切善良，她们的无私奉献，她们的勇于牺牲，她们的坚忍不拔，她们的大爱不朽，永远值得岁月的传唱、历史的铭记。

培训结束了，我的眼前始终晃动她们瘦弱而坚强的身影，我的脑海里抹不去关于她们的记忆。作为一名女性，我更能感同身受，就想当一名接力棒，把这些女性的故事传递下去，把这些女性身上散发的精神传承下去。

那个为亲人熬鸡汤的叫明德英，是一位哑巴农妇，当一位被敌人追赶的小八路军满身是血出现在她面前时，她毫不犹豫地把战士藏进自己的家里，然后抱着孩子坐到门前，当敌人来到时，她打着手势，指着通往山里的一条路，巧妙地把敌人引开。待敌人走远，她擦干战士身上的血迹包扎好伤口，发现他已奄奄一息，生命垂危，此时她想到八路军是亲人，一定要想尽办法救他啊！于是她解开衣襟，将不多的乳汁一滴一滴挤进进伤员的嘴里。战士慢慢苏醒，她又先后杀了家里两只老母鸡，精心熬出浓浓的鸡汤为战士补养身体，直到战士完全康复重返前线。就是这位大字不识的农家哑妇，她用大智大勇，用最朴素的方式写出无私的大爱！

被子弟兵称为“伟大母亲”的王换于，娘家姓于，嫁到王家，本名叫王于氏，因为是王家用粮食换来的，后来在八路军建议下改名王换于。她用母性的大爱，收养一个个烈士的遗孤和八路军大部队留下的孩子，共收留 42 名孤儿，而自己的 4 名孙子先后饿死。她把孤儿交给哺乳期的儿媳时说，“让孤儿吃奶，让你们的孩子吃粗的，你们的孩子即使磕了死了还能再生育，这些烈士的孩子死了，可就断了根啊！”后来按照徐向前的指示，办起第一个前线机关托儿所。我没经过考证，想必是电影《啊，摇篮》的创作源泉。这是一位普通的母亲，也是共和国的母亲！

电影《沂蒙六姐妹》那个新娘的原型叫李凤兰，从小由父母包办定了亲，她连郎君的面都没见过，眼看婚期已到，可是郎君上前线杀鬼子，战争没有胜利不能回家，双方父母断然决定，按期办婚事。按照当地习俗，新郎不在，可以由年长的女性抱着公鸡替补，于是李凤兰就与公鸡拜了堂，不久丈夫在战争中牺牲，她却始终照顾服侍公婆，一辈子没再嫁，成为永远的新娘！

随着战争的逐步深入，八路军需要补充兵力，在参军动员会议上，当时识字班班长 19 岁的梁怀玉喊出了：“谁当兵谁光荣，谁第一个报名我就嫁给谁”，掷地有声！随即就有姓刘的小伙子报了名，在他的带动下，全村 11 个青年全都报了名。后来梁怀玉兑现了诺言，嫁给了这个家境穷得叮当响的刘姓小伙子。

在孟良崮战役中，有支部队需要迅速渡河作战，但当时河流湍急，没有桥梁，一时十万火急，时任乡妇救会会长的李桂芳斩钉截铁：“没有桥腿用人腿，没有桥板用门板，”于是她立即组织32名妇女拆掉各自家门板，跳进冰冷的河水，用门板作桥面，用人体作桥墩迅速架起了一座火线桥，战士们实在不忍心从这些妇女身体上跨过，李桂芳说，“什么时候，还考虑这个，时不宜迟”。战士们含着泪水，踏着亲人的肩膀过了河冲向了战场。令战士们想不到的是，当从河水中爬起，她们一个个瘫软在地不能动弹，有的妇女已经怀有身孕，还有的留下不能生育之症。

在沂蒙这样的女性很多，她们积极支持抗战、支前拥军，有了许多可歌可泣的事迹，后来文学创作把她们称为“红嫂”，村村有烈士，户户有红嫂，“红嫂”成了沂蒙的一支鲜红的旗帜。男人在前方打仗，女人在后方搞生产，她们种粮做饼，她们纺线做衣纳鞋，她们推起小轮子运粮送衣、护送伤病员。“有一口粮留着军粮，有一尺布做军装，有一个儿子送去参军”，红嫂用她柔弱的身体撑起解放区的半边天。

沂蒙除了有感人至深的红嫂故事，在这片血染的大地上还传唱着女革命党人不屈不挠英勇斗敌的故事，这几天陈若克的故事听了一遍又一遍，每听一次都泪水盈眶：陈若克是山东省妇女会执委，1941年日本侵略军大举扫荡沂蒙，她参加八路军突围战，在迁移途中，因身孕临产，步履蹒跚，与部队失去联系，后落入日军手中，两天后生下女儿，在敌人百般拷打审问中她受尽酷刑，敌人甚至用烧红的铁烙她，她遍体鳞伤、皮开肉绽，始终不肯讲出部队的一点信息，要杀要砍随便！她被押送到宪兵司令部，途中敌人把她横放在马背上，她的女儿用麻袋装着放在马鞍，听着女儿声嘶力竭的哭叫声，她的心都碎了，孩子有什么罪过？那么小就遭这么大的罪！在被日军杀害前夕，她心疼女儿：“孩子，你来到这个世上，没有吃妈妈一口奶，就要和妈妈离开这个世界，你就吸一口妈妈的血吧！”于是她咬破自己的手指，让血流进孩子的嘴里。可怜的孩子出生仅二十多天就匆匆离去，连父亲也没见上一面，和妈妈一道死于敌军的屠刀下。如今陈若克与女儿长眠于孟良崮革命烈士陵园，她女儿是年龄最小的烈士。

我做证婚人

证婚人是20世纪末才兴起的，以前的婚礼就是大摆酒席，把亲戚朋友邀请过来吃上一顿，以昭告大家："我结婚了。"后来婚俗逐步演变，婚礼有了司仪，伴随之便有了证婚人，证婚成为一种习俗被固定下来。证婚人理应由德高望重的人担任，西方举办婚礼一般在教堂，证婚人大都由牧师担任，我国农村有的地方由族长来担任证婚人，城市大都由单位领导担任，只不过有的是新娘单位的领导，有的是新郎单位的领导，当然也有选择其他，不一概而论。

我做领导也有十几年了，但一直是副职，所以很少有机会担当证婚人，记忆中共有三次当过证婚人。第一次是大约20世纪1995年，我是以红娘角色临时被婚礼主持人拉上去证婚的，那个年代西方婚礼习俗开始兴起，婚礼请个主持人，也不是专业的，是单位能说会道的同事。婚礼前主持人临时跟我沟通说一会要上台为新人证婚，这个主持人是我单位主管婚姻工作的股长，他很专业，有超前的证婚意识。当时我就慌乱了，不知道该如何证婚，该说些什么呢？那时才三十来岁，没讲话先脸红的年纪。于是我调动头脑中所有的知识和经验，认为证婚嘛就是证明婚姻的合法。真是逼上梁山，上台后急中生智，说了几句，说不出来就开始唱，唱了一首《红梅赞》，因太紧张忘记自己说了什么，只记得下来后同事都说这个场合讲新郎新娘婚姻是合法的，不好！但歌唱得不错。第一次在公众场合下讲话，并且是给别人证婚，对于初出茅庐胆小羞涩的我已经是迈出很大的一步！

第二次当证婚人是我分管婚姻登记工作以后，这时婚礼仪式已逐步规范，主持婚礼的人有了专有称呼——“司仪”。那次应邀为一个社区集体婚礼做证婚人，因为是出席正式场合，我做了认真准备，查阅了相关资料，因此对证婚及证婚人有了比较清楚的概念。证婚的本质就是在婚礼的仪式上向来宾证明新人婚姻的合法性。想来第一次当证婚人时我的急中生智还是对的。为此我特地去婚姻登记处查了这几天新人是否进行登记。一查果真有一对没有登记，社区解释，这一对没有达到法定结婚年龄不能登记，为了凑到六对才拉来一起参加集体婚礼。那我作为负责婚姻工作的公职人员是不能为没有合法性的婚礼来证婚！于是社区取消了这对。那天有五对参加了集体婚礼，是个艳阳高照的国庆节，在拆迁安置小区举办的，小区张灯结彩，彩旗飘扬，喜气弥漫，像过大年似的，婚礼前半小时待我赶到现场时已经人山人海，大约有七八千人。那天上台时看台下人头攒动，还是有点紧张，好在准备了书面证婚词，照本宣读就行，内容也是证明婚姻的合法、对新人的祝福，赞扬社区新事新办、移风易俗、创新社会管理方式，云云。那天特别让我感动的是，书记在一边操办社区大事，一边还要赶去医院照顾不久前脑溢血正昏迷的丈夫，家事社区事面面俱到，我切身体会一个基层女干部的辛酸、不易！

昨晚我第三次做个证婚人，是单位同事儿子结婚，本来我是推辞的，按照习俗应该是新郎单位领导来证婚的，无奈同事儿子在外地私企工作，不便请老板来证婚。加上我们一把手空缺，同事请了我，虽然我觉得我去做证婚人不合适，但看在同事的份上又是多年的邻居我还是答应下来。这次再做证婚人，已经有了经验和底气，上台前打了腹稿：一是祝贺，二是宣布新郎新娘婚姻的双方自愿、合法有效，我在民政局分管婚姻工作，因此由我宣布颇具权威性哦，三是对新人提几点要求，无外乎互敬互爱、孝顺父母、努力工作等程式语言。婚礼司仪拿了小纸条报了我的职务姓名，后面加了“先生”称呼，让我上台致证婚词，待我款款走上台，一看是个女的，司仪惊讶失色，台下哄然大笑，我说我是男扮女装啊！

经过前面的历练，这次做证婚人总算从容自如流畅啦！结束后司仪感慨地说：“主持这么多年的婚礼，第一次见到如此专业的证婚”。

实际上做证婚人没有那么复杂，寥寥数语，走个程序，活跃一下气氛，至于说什么，能有几人关心呢？有时我们小题大作，把不必认真的事看得过于认真，殊不知，水至清无鱼，人至察无徒！

莫非老局长正在"逆生长"

年底了，按着传统惯例，走访慰问单位的离退休老同志，老局长孙瑛是老干部中的大姐大，不仅是其中年龄最长的，而且是我们单位唯一健在的离休干部，因此第一个就去走访慰问她。二十年前我就在本单位负责老龄工作，那时她就是老干部中最年长的，留给我们印象是身体虚弱，疾病缠身。如今二十年过去了，小她岁数的几个老干部却先她而走，她却坚强地支撑着，像风中摇曳的蜡烛。正如她的同事所说："病哼哼，不断根"。说来也巧，后来我调到老干部局工作，再后来调到妇联工作，孙瑛老局长作为全区为数不多的女性离休干部，一直是我们服务对象，直到现在我又转回原单位，所以这么多年没有间断过对她的走访慰问。

老局长住在白下区小火瓦巷，是建于20世纪七八十年代的老房子，虽然地处繁华都市中的小街巷，因为我们经常来，所以轻车熟路，小区的门卫以及大妈大爷都熟悉了，一进来就热情招呼我们，这时我们发现老局长也在中间，这让我们倍感意外。连续十几年了，我们慰问她时，她都是宅在家里，今天第一次在外面迎接我们，因此分外惊喜。

老局长和我父亲同龄，掐指一算，今年刚好九十岁，如今我父亲已长眠地下九年，老局长还健在，而且身体越来越好。以前来看望时，她是躺在床上，后来是坐在床上，再后来是在家里自由走动，而这次居然下楼迎接我们。

进入耄耋之年的老局长耳不聋眼不花，一眼就看见我们的车，高声叫唤，那声音很洪亮，与她一惯的细声细语不同，她满头银发，杵着一根细拐杖更衬托她颀长的身材和直直的脊梁。我们扶着她上了三楼住处，她一个人单独住，老伴二十年前已去世，也是位老局长，在世时身体比她好，突发疾病溘然倒下先她而去。她有三个儿子都住在本市，经常来照顾她，请个钟点工帮忙打扫卫生。记得前几年她有个全职保姆全天候服侍照顾着，随着身体好转，生活逐步能自理，全职保姆换成了钟点工。交流时也发现老局长话也比以前多了，语速也较从前快了，她满头银发，肤色还是很白晰，没有老年斑，她身材也不臃肿，瘦高的个、挺直的背，在岁月风雨侵蚀下也不萎缩、不弯曲，如果稍微化个淡妆，她不逊色于秦怡！真是奇怪了，莫非她也是“逆生长”？她到底有什么驻颜术？还是有什么不老经？回来的路上我在思考，是什么决窍会让她在与疾病抗争中多次与死神擦肩而过？她患有心脏病，这么多年却和平共处；她肾脏上长过不好的瘤子，切除后恢复依旧；八十多岁时股骨颈骨折卧床好几年，居然现在还能站起来外出行走！她的身上一定有不同寻常的东西，一种生命的韧劲，这归根到底来自她的性格。

据这么多年的接触，我觉得她虽然身体一直不好，但性格中有符合长寿的因素。

她大气，从不计较，从不抱怨。她从枪林弹雨中走来，看惯了花开花落，看透了云卷云舒，甚至看淡了生死，所以她从容大度。她总是说子孙孝顺，说单位同事服务得好，言辞中充满感恩之情。

她平和，与世无争。她担任一把手多年，在官场上也曾叱咤风云，但从岗位退下后，很快转换角色，安心做一个老人，不问政事，不管闲事，不要待遇，不给单位提任何要求。

她低调，从不张扬，低声细语，不急不躁，再大的事经过她后也变成和风细雨，如静静的小夜曲，舒缓恬淡。

她简单朴素不花哨。饮食上不挑不拣，有什么吃什么，以素食为主；衣着随意，有什么穿什么，以舒适为宜；家居也极为简单，一张床，一张沙发而已。她每天基本上蜗居在那三十多平方米的斗室中，不外出，不运动，以静养为主，这倒符合龟寿的养生之道。临走时，我们说要替她过九十大寿，她连忙说，不要，不要，不要那么隆重。对啊！生命不要太隆重！不少老人在隆重庆祝大寿就突然倒下。生命还是低调得好，花开终有凋落时，绚烂终要归于平淡！

见到老局长身体一次比一次好，心里特别感慨，她就像墙角旁一枝腊梅，平时默默无闻，待百花凋零，寒冬腊月中，她却独自绽放！虽然瘦弱，却依然不倒！她是个不老的战士！

人生五十出本书

经过三个多月的整理和运作，我的第一本随笔集《轻描淡写》终于出版问世了，恰逢两天后又是自己的五十岁生日，不免有点激动、有点欣喜、有点不安，也有点期待！

一个偶然的机会结识了一位出版业老总，当听说我平时喜欢写些东西时，他就鼓励我出书，并承诺赠送一个出版号给我，虽然后来未能如愿，却让我萌发出书的念头。之后一路上有诸多文友鼓励、扶持和帮助，不断给我信心和向前走的力量，才使我克服重重困难，迎来今天圆梦的日子。

之所以把文集定为《轻描淡写》，是因为觉得自己头脑简单、思想肤浅，对事情的认识蜻蜓点水、浅尝辙止，所以写出的文章也是浅入浅出，因而是轻描淡写；另外这次书中收集的文章都是从我博客中筛选的，每一篇博文都是随意写的，从大脑到手指到键盘，一气呵成，没有经过构思，没有经过斟词酌句，没有经过修改完善，所以显得粗糙、显得肤浅。

一直对自己写的东西缺乏信心，但朋友特别是一些文友却给我肯定、鼓励和信心，才会让我走到今天。所以借《轻描淡写》出版之际，向各位老师、文友，向为此书出版给予帮助和支持、付出心血和汗水的各位朋友致以衷心的感谢！

对于写作我没有天赋，虽然我的父亲和哥哥都喜欢舞文弄墨，吟诗作词，但我没有遗传这个基因，中学时理科比文科好，高考时语文只考了48分，因此没上大学，上个中专当了护士。在医院每天写护理日志，精神病医院的护理日志与普通医院不一样，内容丰富。老一辈文化人王崇辉老师曾跟我讲，如果能把精神病人做的梦记录下来是很有意思的。于是给了我启迪，促使每天坚持写所见所闻。后来参加市广播电台除夕之夜征文活动，我的一篇反映精神病医院工作的散文获得二等奖，这也激发我坚持写的兴趣。招干考试考到机关后，笔杆子很重要，从开始写通知、请示、报告、总结，写作能力得到锻炼，写的材料常常得到领导赏识。后来当了领导，只动嘴不动手，不再写，加上工作家庭负担重，没有时间和精力去写。到了2008年，负担轻了，空闲时间多了，正值流行博客，即开设个人博客，每周坚持写一些感想做一些记录，这样一直坚持了六七年了，写了二百多篇文章。所以坚持写很重要，这是我的第一点体会。不怕不会写，只要能坚持写就是最可贵的。我的一位女同学上学时候才华了不得，毕业留言时给我们每人写了一首七律藏头诗，让我们佩服得五体投地，后来找了另外一个很有才华的男同学结婚生子，甘愿做贤妻良母，放弃了爱好放弃了自我，前几年因为要照顾生病的丈夫提前退休。半年前我在微信朋友圈里发现她，立即加她为好友，想看看她写了什么美文，结果很失望，连转发的文章都没有。所以即使再有天赋，不坚持写也会颓废，像我这样没有天赋能坚持写也能写出书，如果有写作天赋，又坚持写，一定会成为作家的。

第二点是为自己而写作，小时候有记日记习惯，家里积累了很多日记本不好处理，有了博客后，无限空间，非常方便，有事没事都写上一段，把所见所闻记录下来，把人生感悟写出来。心情不好的时候发发牢骚也没关系，对真善美热情讴歌，对社会上的看不惯的东西也毫不留情抨击，嬉笑怒骂，淋漓尽致，总之很过瘾。我觉得博客就是与自己心灵交流的空间，是情绪表达的场所，也是与他人交流互动的平台。写作是极具个性化的东西，就是为自己写，没有其他目的，就是想写就写，想写什么就写什么。我写的东西从来不投稿，也不求发表，就是表达想法、抒发感情，是在和自己的心灵说话。我在微博写过：“有一种写作，既不为谋生，也不为赞赏，只为给自已心灵一个说话的机会。”当你的笔端成为一个心灵的捕手，带你发现未知的世界，聆听灵魂的呢喃、生命的原声。写作便成为一种旅行，从内心深处出发，驶向无限可能。

第三，要写积极向上的东西。听过一个故事，台湾作家林清玄小时候开始写作的时候，家里没有桌子，他就在供奉祖先的供桌上写，妈妈问他整天都在写什么，他说辛酸也写，趣味也写。妈妈跟他说，以后趣味的要多写一点，辛酸的不要写，写文章是为了让那些读到你文章的人得到欢喜、得到快乐、得到智慧、得到生命的启示，所以要多写欢喜，辛酸的不要写，是因为怕有人读你的文章读到一半就觉得人生过不下去了。他问妈妈那辛酸的要怎么办呢？妈妈说辛酸的盖在棉被里哭一哭就好了。妈妈一席话对林清玄有很大的启发！我读后这个故事后也觉得很有启发，于是在微博中写下：“生命的痛苦会过去，但是美好会留下来，人生的挫折会过去，但是体会会留下来。”生命必定可以走向出路，所以我们要努力地生活，努力地向前迈进，维持我们向光的特质，走向一个更美好、更有情义的世界！我开始写博客的时候，不管什么都写，想到什么就写什么，后来朋友提醒我，说我写的东西调子低，从我的博文中读到消极悲观的情绪。听到这评论后，我很震惊！平时只顾自己写，不注意文章所传递的效应，博客与日记又有不同，日记只有自己看，博客则是公开的，作为一个文化人就应该传播积极向上的人生观，营造健康乐观的情绪氛围，从此以后，不是什么都写，尽量少写消极的东西，少写负面的东西，多写能传递正能量的文章，多写能激励人积极向上的文章。

树林中听到女孩哭泣

晚饭后七点半左右，上山路上锻炼的人络绎不绝，我也行走在匆匆夜色中……突然，路旁的树林传来一声一声小女孩的啼哭声，声音带着节奏，并不急促，但在夜幕降临的山野中却显得凄惨惊恐，让人揪心。路过的人有的听见了却闻所未闻、视而不见，依旧走自己的路，大有休管他人瓦上霜之态；也有的驻足留意关注观望，在急切寻找哭声源自哪里？判断推测是如何一回事。有人说可能是摔倒啦，有人说是不是被遗弃的孩子呢，却没有人去林中探个究竟。有的是因为恐惧，我也属于此类中人，这类人有男有女，有老有少，有管闲事的心却缺少见义勇为的胆量。接着，后面来了好像一家三口，三十多岁的父母带着十来岁的儿子，男子一边念叨：“这是哪来的女孩在哭啊”，一边急匆匆往树林里钻。此时妻子见状，大声喊道：“你不要去啊，管什么闲事？”见无法阻止丈夫，就对儿子说，“陪你爸去。”儿子似乎有些胆怯，未敢移步。只是在喊：“爸爸你不要去，妈妈担心你的。”那男子却全然不顾，勇往直前，边走边说，“你妈哪是关心我，是不放心我。”此语一出，路旁的人哈哈大笑。男子经过一番侦察，发现树林里有两人呢，一男一女。见有人走近，女孩停止哭泣。男子遂往回撤，并且告诉等待的路人，没关系，不是未成年人。于是人群渐渐散去。

有感于未成年人保护的意识越来越深入人心，只要确认不是未成年人，大家悬着的心就自然放下来。我们国家在对未成年人保护工作上相比发达国家起步稍晚，记得十多年前看过电影《刮痧》，讲的是一个做中医的中国父亲在美国定居，孩子因为生病，父亲就用中国传统的刮痧为孩子治疗，刮痧后身体出痧留下一道道痕印，结果怀疑孩子受虐待因而被投诉，警察上门处置给予惩罚，父亲因此失去孩子的监护权，于是到处打官司无果，弄得身心交瘁。这影片主题是反映中西方文化差异，从中也感受到美国未成年人保护法律体系的完善，而且在执法上也严苛甚至无情。联想到前几年发生的乐燕事件，两个婴幼儿因监护缺失硬生生饿死。这一事件给各级政府敲响警钟，未成年人保护工作越来越得到重视，老百姓对未成年保护的意识越来越强。去年南京一养母殴打儿子掀起轩然大波，成为媒体追踪的热点，当事人也因此受到法律制裁。前些天有一外地女子与网友恋爱生育一个男孩，随即网友人间蒸发，女子独自抚育孩子，租了某小区的地下室，白天她去上班养家，把孩子独自锁在家里，如今孩子三四岁了，没有户口，没有身份。小区居民发现后报告社区，政府及时实施救助，并且与女子户籍处政府取得联系，目前女子被安全送回家乡。还有前些日子某社区发现一名六岁儿童被虐待后，街道采取果断得力的救助措施，这孩子父亲曾有一段婚姻并有个孩子，后妻子离家出走，男子与一个外籍女子同居后生下这个孩子，女子因日子过得艰难就逃走，然后父亲又莫名其妙失踪，留下两个未成年的孩子。爷爷和奶奶无力担负照顾和养育的责任，两位老人已六十多岁，力不从心，再者老人本来对第二个媳妇怀有着成见，怀疑小孙子非儿子血脉，因此两老人把所有的怨恨发泄在小孙子身上，小孙子常常挨打。社区得知后及时向街道汇报，街道反应迅速，一方面将困境中的孩子送到福利院进行保护，另一方面由公安民警找爷爷奶奶谈话警告，妇联和司法部门向其发出反家暴告诫书，同时民政部门协同相关部门给孩子申报户口、办理低保、请专家对爷爷奶奶的监护能力进行评估等，上下联动、相互协作，做了卓有成效的工作，如今两位老人从中受到教育，主动承认错误，要求将孩子接回家中养育，民政部门对监护情况持续跟踪。像这样处于困境中的未成年人不知还有多少，可见未成年保护工作路漫漫任重而道远！

在山上走了一圈，回来时又路过此地，原来闻见女孩哭泣声处仍发出窸窸窣窣的声音，并且多了一点手电筒的亮光，想来是一对情侣在闹别扭，估计此时已和好如初。幸好！

山外有山

婚姻登记处要搬迁到新的市民中心去，原则上遵循求大同存小异，按照中心的统一规划和设计，内部装潢可以体现特色和创意。入驻的单位很多，都在据理力争，婚姻登记处只分巴掌大的地方，能够做文章的只有颁证室了，我们仍然希望做出精致，彰显个性化。领导要求外出参观学习，借鉴先进地区的经验和做法，我觉得这是个不错的主意！两年前，我们创建国家3 A级婚姻登记机关，为了荣誉而战，我们动足了脑筋，特地从其他科室抽调一人和婚姻登记中心全体人员成立创建小组。因为是全市第一家申报，没有成功的样板可以借鉴，上级也不能提供具体的指导意见，当时是两眼摸黑，不知如何着手，再加上时间仓促，只能对照民政部制定3 A级标准机械性来创建，宛如盲人摸象。为了体现特色，我们也挖空心思，力图弄出一些创新的内容，为了打造婚姻文化，我们制作了“历史见证”“岁月变迁”文化墙，展示了不同时期的结婚证和婚纱照；我们还制作婚姻登记处的楹联和反映健康积极向上婚姻文化的宣传展板等。此外在软件建设上量身定做，打造了“幸福彩虹”服务品牌，用心努力还是得到上级部门的认可，最终通过了民政部的验收。为此我们有些沾沾之喜，为成功创建而得意，为一些创新特色而自我欣赏，为成为全市唯一而陶醉。直到去年参观了淮安区婚姻登记处后，感受到我们并非做得最好，与同是3 A级的婚姻机关在某些方面或者总体上相比仍然有差距，从此膨涨的自信开始有所收敛。这次越发觉得有走出去学习的必要。

从媒体了解到，北京朝阳区婚姻登记处不论是硬件还是软件建设上都堪称一流，目前已创成国家5A级婚姻登记机关。要学就学最好的，于是我们在省厅领导带领下，来到北京首都。深秋的北京，一片金色，刚送走APEC最后一批客人，天空还保留APEC蓝。一下高铁简单吃了中餐就匆匆赶赴目的地——朝阳区婚姻登记处，位于繁华地段的十字路口，需要拾级而上几级台阶，典型的欧式建筑，庄重神圣，高大气派，感觉不像机关而像教堂。感叹朝阳区政府的重视，会把这么黄金地段留作给婚姻登记处。一进大门，就有豁然开朗的感觉，高大而宽阔，足足有千把平方米。门口设有问询台，同时也是材料初审处；左右两边隔出两块空间，设有“心灵驿站”供离婚当事人协商签署协议的地方，另一边是结婚填表的地方；中间是诺大的候等区；周边都是结婚和离婚的登记室，从前面看彼此独立，有利于维护当事人的隐私，从后面看又是畅通的，有利于工作人员资源共享。每间窗口都设有国徽，当事人面对国徽承诺、签字、领证，心中倍增对婚姻的神圣感和责任感；他们的颁证厅很有特色，一个设在出口处为简易自助式，没有颁证员，新人可以自由在此照相留影；另一个是设在二楼的颁证厅，足有二百多平方米，与门厅一样豪华气派，红色地毯从门口铺向颁证台，双方亲友在这里可以见证一对新人的幸福时刻。凸印着大红喜字的背景墙渲染热烈喜庆气氛，大红灯笼及龙的图案彰显中国传统；大厅内圆柱子上系坠许多心形卡片，满载一对对爱的承诺和祝福，柱子挂满了又移到发财树上。给我们作讲解的是北京市金牌颁证员，至始至终面带微笑，举手投足训练有素。参观完朝阳区婚姻登记中心，感觉到我们与首都的距离简直太大了，正感慨时，北京市婚姻登记负责人建议我们再去看看丰台区婚姻登记处。

第二天下午我们又如约而来，丰台区的婚姻登记处位于一条里弄内，门面不显眼，进去以后，整洁的环境、温馨的布置、有序的管理以及个性化的细节处理立即会给人舒适怡人的感受，虽然不像朝阳区婚姻登记处那么高大，却如小家碧玉般精致剔透。整体布局大体相同，丰台区的特色体现在内涵上，比如结婚登记双方当事人的坐凳是心形粉色的，男女双方各占半瓣心，寓意情侣同心；颁证厅也分中式和西式，当事人各取所需；与邮政局合作印制纪念封赠送给当事人，并且提供不同寓意的邮戳，如百年好和、相濡以沫、一见钟情、伉俪情深等。北京陪同的处长是个文化人，爱好艺术篆书，丰台区婚姻登记处展示不少他的作品，他让我选择一个邮戳盖在纪念封上，我随手选了个“相濡以沫”，他说一般我们这个年龄层次的人都选这个，看来不知不觉我们已有老年的心态。丰台区还有一个特色，就是婚姻辅导室和登记室一样正常工作，非常规范，有心理咨询也有法律咨询，辅导人员是市婚姻家庭协会通过政府购买方式下派的，所以辅导得很专业。每个辅导室有个平板电脑，不停地播放有关未成年人教育和保护的宣传内容。有的准备离婚当事人现场接受教育，触景生情，从孩子角度着想而放弃离婚的念头，辅导员告诉我们，这样的人为数不少，确实能提高婚姻辅导的效果。丰台区婚姻登记中心在内涵建设上与朝阳区比较略胜一筹，这也是北京市推荐的底气。

两天的参观学习，我们一行人感慨多多！不看不知道，一看吓一跳，一看就看出我们与外面的差距。真是山外有山啊！有时我们习惯于闭门造车，并且对自己造出来的车欣赏不已，因为缺乏比较，总以为是最好的，长期以往就形成了夜郎自大的心理，囿于鼻尖。当有一天我们走出去以后才发现还有那么高的山、那么大的天、那么广阔的大地，还有那么五彩缤纷的世界，自己不过是井底之蛙。古人说的“不出户知天下”有失偏颇，不出门永远不会感知天有多高地有多厚！毕竟诸葛亮千百年来也仅此一人。见多才能识广，走出去，看看学学才能开阔眼界，开阔思路，开阔心胸，这是硬道理。

离开团队的30个小时

随一个考察团赴新疆考察慰问，第四天由于特殊工作需要，不得不暂时离开所在的团队，独自赴二百多里外的博乐市去考察，然后要从博乐机场直接飞到乌市。对方单位派车过来接我，因为身处异乡，不知东南西北，不知天高地远，把握不了目的地准确距离，把控不了车子速度，自然不能准确控制好时间，能否准时乘上飞机心里没底。于是一上车我特别郑重地告诉司机飞机起飞时间，请求他替我把控好行程的时间和速度。司机笃定地说来得及。我终于可以不再提心吊胆，舒服地坐在车里，欣赏蓝天白云、辽阔的草原、金色的牧场，充满几许惬意。越野车沿着白色的高速公路在草原中穿梭，看不见房屋，看不到人群，看不到路的尽头。时间一点一点过去，我也一点一点开始焦虑，可是公路上一段一段限速标志，不能任性；路上例行安全检查，车子排起长队，不可怠慢；到了考察地点，必须去拍照、交流，走马观花也要的；距离飞行时间越来越近，我越来越焦急，不停地问司机：还来得及吗？司机回答的声音变得迟疑直到沉默。当最后箭步般冲向柜台时，机场工作人员非常认真严肃地说飞机起飞前三十分钟已停止办理登机手续，顿时腿软软的差点瘫倒。此时独处异乡，距离团队尚有几百公里，前不着村后不着店，顿时失望惆怅和孤独无助弥漫全身。好在通讯方面可以投靠组织，好在旅游旺季，小机场增加了航班。于是我换乘今晚的最后航班，但距离起飞还有四五个小时，我不得已又回到考察单位简单吃点。因负责人晚上有接待，把我交给一个同航班去乌市的宗老板，委托他照顾。此时还早，无处可待，宗老板找来司机，陪我去机场。博乐机场虽小管理甚严，每人只能随身带一件行李，而我又不想托运。宗老板建议把我的东西放进他的旅行箱，折腾一番，终于强制性地把手上的包袋都塞进箱里。可安检时，又说行李超重，需要托运，宗老板又不厌其烦地整理，掏进掏出，弄得满头大汗。然后又办理托运手续，并替我分担一项行李，我这才轻松通过安检。

等待三个多小时，经过严密细致的安检，终于登上飞往乌市的飞机。心尚在弦上，却又被告知，飞机晚点一小时，狭小的飞机顿时躁动，无奈，只好静心等待。没有失言，近次日零点，飞机终于带着我的迫切飞向深夜的天空。一个多小时安全抵达。

因为延时误事，自然挨了领导一顿狠批，因此心绪纷扰，一宿无眠。此时乌鲁木齐天气突变，气温下降，从头天的短袖到第二天的羽绒服，突兀得让人无法适应。秋雨，以欲说还休的姿态绵绵不断地飘落，激荡着心绪，说不出是忧还是愁。衣服准备不足，身冷；挨了领导批评，心冷，处于身心交瘁状态。我向团队发出信号：心在漂泊，希望尽快回归团队。很快得到回复，下午即到乌市，一会儿有个张总会接我去新的住处。不久，张总就联系上我，问我现处何处。再次和我通电话时，便觉得张总的声音亲切了许多，似多年的朋友，他说车已到我们楼下。拖着旅行箱，匆匆走出宾馆，就觉得自己好猥琐好落魄，为了御寒，我把能穿的衣服都套在身上，难免里长外短、衣履不整。见了张总，他迎头一句“不错嘛，还穿了一件薄毛衣”，然后接过我的旅行箱放在一辆镀着金边的豪华车，后来才知道那就是传说中的悍马。一路上，张总嘘寒问暖，娓娓道来，说东讲西，浓墨重彩介绍新疆食品之优质，绿色无公害，中草药之喂养，雪山的水滋养，等等，一度让我误认为他是做食品生意的，后来才知道他是做矿石和新能源产品的。他送我到入住的宾馆，为我办理入住的手续，送我到了房间，然后拉开窗帘，让阳光照进来，调节空调的温度。并且说：“不好意思，平时被人侍候惯了，真不会照顾人，做不好服务工作啊。”然后又说：“你把衬衣塞在裤子里，可以暖和些。”那时我尚在饥寒困顿中麻木，头脑一片混沌，对一个陌生男子体贴入微的关心没有过多感觉，没有任何感激的表达。张总把我安顿好，说中午请我吃饭，我说不用，中午已经有约，他说那就等下午接到团队成员我们再聚。等到晚上到他的住地再聚时，才真正知道他的实力和身价，了不得的大老板！再次交流更让我感动，原来在他第一次和我通电话时从声音中发觉我感冒了，心想气温突降，一个身处外乡的女子一定是衣服不足因此受凉，所以他来接我的路上吩咐司机把车内温度打高。晚餐中，我渐渐从温暖中苏醒，特别感慨万千：一个大老板能够如此低调，俯下身子，心细如发，肯做那些体贴入微的小事，还能有干不成的大事吗？我真心如此感动。

中午，计划行程中约见的时总准时而来，他是家乡人，在外打拼事业有成，就在我入住的酒店我们边吃边聊，知道我下午没有安排时，立即叫来他的司机带我去周边看看风景。一会儿司机小何带着女朋友来接我，她特像我的姨侄女小梅，笑嘻嘻的挺亲切，他带我去了天山大峡谷，到了景点，不得了，秋风瑟瑟，寒气逼人，气温已到零下。见状，小何从身上脱下外套非让我穿上，说他不冷，女朋友也帮腔说他年轻没关系。我也不客气，第一次穿上男性的外套，在寒冷面前顾不了许多。他乐此不疲地给我俩照相，我注意到他拿相机的手在抖，听到他因鼻塞的喘气声，我再次还他衣服要他穿上，他执意说自己真的不冷，零下气温，仅穿一件衬衣怎能不冷？但他觉得，我比他更需要抵御寒冷，在发自内心的真诚帮助面前，接受是最好的感情表达。回到住处不久，团队终于抵达，我又回组织中，感到温暖又安全。

想到离开团队的一天一夜近三十个小时，身处异乡，独自旅行，孤单寒冷，却遇到几个热心、真诚、乐于助人的新疆男子，在困境给我帮助。在他们来说或许举手之劳，微不足道，但却给了我力量，给了我温暖。虽说是萍水相逢，但他们的帮助纯粹无私、出于人性的善良之举，因此难能可贵，这几个新疆男子无言无形用细节诠释大爱精神，塑造城市的形象。我因此深陷于感激感动之中，并永远铭记在心，外化于行，以感恩之心回报社会！

用最嘹亮的歌声陪伴你

每年的岁末我都设法听一场新年音乐会，一是以此作为自己告别过去、拥抱未来的仪式，同时也让自己接受音乐的熏陶，提振精神，调节好情感，以崭新的面貌迎接新年的到来。

这次荷兰爱乐乐团的新年音乐会带来的是异域风采，演员热情奔放，不拘一格，多次走下舞台与观众互动，乐队指挥激动时也会扭动身段，翩翩起舞。特别是那些金发碧眼的演员用不太标准的中文唱起“歌声与微笑”时，流畅熟悉的旋律顿时激起全场观众共鸣，大家份纷伸出双手拍掌击打，将音乐演绎到极致，将气氛推向高潮。

音乐会结束，走出人民大会堂，精彩的演出仍余音绕耳，突然心生感慨：好想唱歌啊！

真的有好几年没有唱歌，这些年基本封喉，业余时间耗费在牌桌上，乐此不疲玩着“掼蛋”。这似乎颠覆了唱歌的初衷，本是一项很高雅的文艺娱乐活动却因此搁浅。

住在中前村的时候，有邻居王老师，是位退休的音乐老师，非常羡慕她的生活，一生以歌声为伴，曲不离口，甚至走路时也旁若无人。每天清晨她都会准时来到附近的东山林园引吭高歌，开始她的“吊嗓子”。唱歌不仅是她的艺术训练，更是她锻炼身体的一种方式。如今她年近耄耋，却身体灵活，步态轻盈，言语流畅，与六十岁人相差无几，我相信这是坚持歌唱带来的效果。

记得在一次沙龙会上有位文友讲他亲身经历的故事：上世纪八十年代交通还不发达，出行都得挤公共汽车，那天他在市里办事，等了很久来了一辆公交大巴，行人蜂拥而上，上的想上，下的想下，一时堵住了车门，上不得下不得，车辆僵持，售票员和司机也无能为力。此时人群中突然有人起头唱起了《国际歌》，于是有人呼应，接着大家都跟着唱了，“从来就没有什么救世主，也没有神仙皇帝，一切全靠自己……”。雄壮激扬的歌声响彻天空，此时奇迹出现了，人群开始安静，然后一个个从拥挤中退出，自觉地排起长队，先下后上，鱼贯而入。因为一首歌，前后秩序泾渭分明。这是发生在南京的故事，这是歌声的力量！因此也有理由相信南京是文化底蕴深厚的博爱之都。

细数起来，唱歌好处不少，作用不小。唱歌可以锻炼身体，通过一进一出的运气，吐故纳新，扩大肺活量，增强肺功能；唱歌可以抒发感情，排除压抑心中郁闷的情绪，缓冲社会竞争激烈带来的焦虑；唱歌还能壮胆，比如独自走夜路常哼着小曲来减轻心理的恐惧，每听到有人唱起《少年壮志不言愁》，胸中也激起豪情万丈；唱歌还能减压，当工作一天略感疲惫时，英明的领导可以带着员工去歌厅高歌一首，即使吼几声也行，这既能达到减压效果，也可以增强凝聚力，培养团队意识。所以我最欣赏歌咏比赛，是最能激发集体主义和爱国主义情怀的一项活动。

歌声为每个时代留下烙印，歌声为我们留住一个个激情燃烧的岁月。去年五月去沂蒙山区接受党性锻烧，当耳边响起“你是灯塔，照耀着黎明前的方向；你是舵手，掌握着航行的方向。伟大的中国共产党，你就是核心，你就是方向”，顿时觉得荡气回肠，热血沸腾。正是这首歌激励着无数仁人志士冲破枪林弹雨，甘洒热血，为共产主义奋斗终生！而每当彷徨、迷茫、心灵处于十字路口时，我也会下意识在心里哼唱这首歌，眼前豁然开朗，一片春暖花开，心中升腾希望之火。还有那首《松花江上》，“我的家在东北松花江上，那里有森林煤矿，还有满山遍野的大豆，那里有我的同胞，还有我衰老的爹娘。九一八，九一八！从那个悲惨的时刻，脱离我的家乡，抛弃那无尽的宝藏，流浪，流浪！”悲壮激昂的旋律、催人泪下的歌词唤起中华民族沉睡已久的觉醒，激励全国人民众志成城，团结一致，共同抗日！这是歌曲的力量！

我们这些从文革中走来的人喜爱听邓丽君歌，那些低吟浅唱触动深埋心底的人性柔情，为我们这一代人顺应时代发展和社会转型，接受多元文化做了铺垫。邓丽君的歌也代表了一个时代。

社会是变化的，歌声是永恒的，歌声带来的效应也是无穷的。

新的一年大幕拉开，每个人都是歌手，都可以在自己人生舞台放声歌唱，唱出一份好心情，唱出正能量，唱出自己最美丽的人生！新的一年，我要用最嘹亮的歌声陪伴你！

窗口之痛

随着市民中心的落成，婚姻登记中心也将入驻，分管此工作已经五年多了，就像自己的亲人，搬迁之时，滋生几许离别情绪。我提出与大家合影，以留住我们共同战斗的记忆和过往。谁知这提议把大家情绪给调动起来。宏说："我的眼泪快流出来，好想狠狠地痛哭一场。"宏自婚姻登记中心成立起就在此工作，一晃十几年了，往事不堪回首，酸甜苦辣涌上心头……她无数次提出要调离，我们也觉得确实应该调离，可是目前的处境是：上无主子，我也是无能为力啊！准备合影时，大家发现军不在，派人去食堂、厕所等处也未寻到。待我们照完后去食堂吃饭，看她独自静坐一隅，闷头吃饭。听说我们合影未找到她时，她突然火气冲天："我一直坐这儿吃饭，怎么会找不到我呢？你们分明不想带我合影。"说着饭也不吃了，丢下饭碗，匆匆离去。下午，我建议重照合影，她们则告诉我：军说心堵得慌，请假提前回去了。女人哎，真是情绪的奴隶！不过将心比心，我体谅她们，在窗口工作真不容易！压力太大，耍个小脾气也是发泄而已。我调来此单位就分管婚姻登记工作，掐指一算，五年多了，从开始的老少组成的一排娘子军，如花似玉，中间经过新陈代谢，来去进出，如今一直伴随我的只有四人。里面的人纷纷想逃离，有关系的找到领导打招呼调走了；没有关系但有胆量的干脆辞职；没有关系也没有胆量的就选择坚守。在婚登最困难的时候，人心晃动，我去和大家开会，旭说："领导，你今后经常来给我们开开会，给我们疏导疏导心理，我们心里要舒服些。”旭是个怀揣梦想、一腔热血又桀骜不驯的小伙子，他实在是不适合窗口岗位工作，后来他一纸辞书，潇洒离去，仅一天时间就被父母强行送回。克制了两年，在此期间结婚成家，以为他会稳定下来，结果又提出辞职，并再三强调，这次考虑成熟了。我非常理解他的选择，人各有志！还有荣，美丽的女孩，真可谓窗口一道亮丽的风景线，很赏识她，可她最终忍受不住窗口工作的约束，丢掉好不容易得来的事业编制，毫不犹豫地去做全职太太，很为她惋惜。

这些年，和婚登这些兄弟姐妹们并肩作战，苦乐共享，把六万多对新人送进婚姻殿堂，为缔造无数幸福洒下辛苦汗水；也为两万多对夫妇摆脱痛苦；也苦口婆心地挽救无数濒临分手的家庭；开出了几万具所谓的单身证明；我们还共同面对所谓的“假离婚”事件；共同创建全市唯一的全国3A级婚姻登记机关。这些年，在营造幸福的光环、创造辉煌的业绩背后，也包裹了太多的委屈和泪水：我们要依法行政，少数群众不理解，认为我们教条僵化；一些人带着情绪来办事，如爆竹一点就着；还不排除素质低下的，稍有不满就恶意谩骂、动手打人的，我们的工作人员却骂不能还口，打不能还手。作为窗口工作人员，其一行一言时刻暴露在监控之下，常常有人神不知鬼不觉地明查暗访，有时接个手机也会被投诉。

回想这几年，多少个平凡的日子，对每个服务对象或许是幸福的纪念，是摆脱痛苦的记忆，但对工作人员来说，有太多的辛酸。有时工作中的冲突所产生的负面情绪能在心里沤上很久，挥之不去，对身体该是多大的损害！紧张、焦虑、郁闷成为常态。想起另外一个窗口的女同事，已在岗位待了十几年，体检时发现好多毛病。我懂得，那是身心疾病，那是情绪压抑带来的，我不知道，情绪是否来于工作压力？

一年一度的两会即将召开，作为政协委员，我肩负重任，今年将以此为题递交提案，请关注窗口工作人员的身心健康！

走进南航校园

领导干部进高校选学活动真的是干部培训工作中一项创举，一问世就受到广大干部的欢迎，每年一开课，便抢着报名，就好像在网上挂大医院专家号——秒杀，稍有慢怠就报不上名。我也是积极响应者，组织部要求五年内完成进高校两次即可，而我已经第四次走进高校。想来是因为年少时开窍迟，没有好好读书，心中一直留有遗憾，不甘心只上个中专，于是落下个“大学情结”。成年以后，岁数越大，越向往大学校园的感觉。进高校选学正合我意，走进大学，坐在课堂，聆听老师讲课，又没有考试的压力，又暂时抛开工作的烦恼，找回做大学生的感觉，化解心中的情结！前几年，我先后参加了南大的国学智慧、南艺的艺术修养、晓庄学院的媒体应对，今年我选择了南航的《信息时代危机管理与社会管理》。之所以选这门，一是这个专题与我从事的工作有关联性，其次对南航充满了陌生和好奇，总觉得离我很远，因此向往。

期待开班的那一天！头天晚上突然接到第二天上午领导来单位调研的通知，很纠结！总共四天八个专题讲座，如此而来，只能请假半天耽误一堂课，本来错过的总是最好的，又听同学说，那堂课老师讲得特好，因此本是遗憾的心情又加了码。

午饭后就匆忙赶到位于明故宫的南航校区，下午讲的是转型期社会分层及社会矛盾的特点，此时我想到伟大领袖毛主席《中国各阶级社会分析》，原来不管处于什么社会，人是分层次的，人以类聚物以群分。而我工作的对象恰恰是处于生活在底层的贫困群体，也是社会矛盾比较集中的人群。周五下午安排的是心理专家张纯老师的课，恰巧又是单位双周五学习日，需要我主持。冲突又起，无奈！稍作权衡，不能错过张纯老师的课，他擅长心理危机干预，这正是我感兴趣的。周六下午是最后一堂课，讲国学的，预先安排的一位教授因生病缺席，临时调换了一位，叫苗建军，因没有他的介绍不知他的底细。哪知他的开场白就紧紧抓住我们的心，无法不聚精会神，虽然声音不洪亮，普通话也不标准，总把“人”说成“言”，但妙趣横生，逗得大家要么会心一笑，要么捧腹大笑。他本科读物理，硕士读哲学，博士读经济学，后来教管理学，现在是 MBA 首席教授。他说学物理留下两个字：守恒，知道世界上一切物质和能量都是守恒；学哲学留下：平衡，认为学哲学的人特别能心理平衡，基本不会患精神病或自杀；学经济留下：权衡，权衡利弊；管理也有两个字：制衡。听来还蛮有道理的，他是既懂理又懂文，还懂经济，文理并茂，兼收并蓄，知识在他这里得到充分融会贯通，本来哲学就是科学的科学。单看他的阅历和学历就让人充满好奇，觉得他整个人一定充满人生智慧。他今天讲的专题是“国学与团队执行力”，课间休息时，我和老师交流，建议老师脱开课件，就给我们讲讲人生感悟，那更有意义。老师说，那不行，要听人生感悟得以后单独交流，这种大课还得按课件讲。果然，他后半堂课围绕执行力在讲，中间插科打诨一些笑话。其实讲执行力真不是他的强项，他没有企业高管的实战经验，又没有当过领导的运筹帷幄，讲执行力显然有些苍白，不如讲人生感悟会让我们更加受益。

饭后小憩之际在校走走，已有百年建校史的南航因历史的沉淀沧桑而厚重，因与明故宫为邻便感染了皇家气息，出门就是御道街，可谓闹中取静。图书馆前陈列一架小型民用飞机，是对学校不用文字的解说。初夏的正午，骄阳似火，然而南航每条路都高树林立，遮天蔽日，当微风吹拂，还送来丝丝清凉。少男少女或独自或结伴作青春漫步，望着他们的曼妙背影，勾起我们的回忆，我们也年轻过，也曾拥有飘逸而浪漫的青春，想来“大学情结”不过是对青春的怀想，是对逝去年华的留念……周六那天去得早，在教室的空场地还看到三三两两的男女教师和着优美的音乐打着太极，即使多人围观也丝毫不影响太极人的专注，他们完全沉浸在推揉交替、阴阳转换中去，那一招一式刚柔相济，观之真正是美的享受。走遍校园，当然不能错过一个高大气派的建筑，那是学校体育馆，不久前刚刚重新改造，设计者正是我的侄儿毛浩浩，东南大学建筑硕士毕业已有五六年，积累几年的实战经验，如今的设计也渐渐有了点样子，启迪科技园曾得到杨卫泽的称赞，因此心中滋生一丝自豪。

较前面几次进高校，南航组织得较好，那当然得益于校方重视，从茶水供应、到午餐的安排、再到车辆的停放等等，处处体现出人性化，事无巨细，认真妥善，让我们感到被尊重、被重视！就像草坪上放射状由石块铺出来的路，一定是顺应人性的安排，对一些抄近路习惯采取的是疏而不是堵！从一些细节可以窥见学校的管理方式。因此，同行的几个人一致认为：下次选学仍然选南京航天航空大学。

书是我最好的催眠

一觉醒来，已是清晨五点，这一觉睡得好沉啊！整整睡了七个小时，这对我来说真是奢侈！想来这一切缘于读书，不知从何时起，读书成了我最好的催眠。

前些日子，因忙于工作杂务琐事，心情难免焦躁，既使强迫自己读书，心也如微波荡漾，根本看不进去啊，就好像更年期状态。这几天经过调整，略有好转，特别是昨天身心得到很好的修整，上午打扫卫生，体力劳动，下午窝在床上修心看书，傍晚时分踏着结冰的小路去看夕阳西下，怡情养性，晚上继续读《西藏生死书》，虽然是翻译来的书，有些艰涩，又是哲学类，难免枯燥，但这次读起来却很流畅。到了《非诚勿扰》播出的时候，那是我每周必看的节目，我丢下书本，同那些二十来岁的少男少女同喜同乐，与孟非、黄菡他们情感同频道、思维共激荡。可昨晚刚看到第二个男嘉宾上场，一阵困意袭来，便打起盹，勉强坚持，睡意也越加浓烈，难得有这样的状态，只好忍痛割爱，关掉电视，一会儿进入梦乡，竟然一夜未醒，整个囫囵觉，今早觉得神清气爽！这一切缘于读书！

把读书等同催眠，听起来有些亵渎了读书，本是很高雅之举，你却当作催眠之药？虽然良心有时受谴责，但事实对我来讲确实如此。每当夜晚我如能静下心来连续读两个小时的书，必定能睡上一夜好觉！

读书好似禅修过程，晚饭后小走个把小时的路，回来洗漱完毕，坐在床上，捧起一本书，开始读书之旅。当然，我看书的层次不高，限于轻松阅读，休闲、解闷而已，不是为了长知识增学问，主要是些无用读书，因此读的大多是小说之流，高深学术类的不大看，即使是翻译来的外国小说我也不爱看，一是对外国历史人文知识了解不多，很难读懂那故事的来龙去脉；二是外国人的名字太长记不住，断断续续再去读，人物张三李四就弄不清了，就会张冠李戴。而读起中国小说来，注意力就会高度集中，渐渐进入角色，与书中人物同呼吸共命运，就会心无旁骛，很快忘掉工作生活一些繁琐碎事，就会排除头脑里存有的私心杂念，所以我觉得读书与禅修殊途同归，方式不一样，效果是相同的。既使丢下书，我也很快从书中抽离，不会长久沉浸在别人的喜怒哀乐中。看书时间一长眼睛疲劳了，因为是没有负担的阅读大脑却没有沉重，全身肌肉松弛，就会很快轻松入眠。当然仅属于我个人的奇谈怪论，不一定适合他人，不足以交流推广。

近年来钟情于阅读也是一种无奈，因为视力下降明显，电视画面模糊，字幕根本看不清，无缘对面不相识，只能与电视渐行渐远，看韩剧通宵未眠的时代已一去不复返。无聊的日子如何打发，想来只好用阅读来填满空虚。

家里没有书房是我最大的遗憾，我的房间书倒不多，杂乱无章，俯拾皆是，尤其全堆在床上，是为了看起来方便。常常惹的老公不满，然后另起居室。这也不错，有时深更半夜睡不着，可以挑灯阅读，而无所顾忌。

前几天去周岗社区，看上一套红木书桌书架，很是喜欢，只可惜家中房子太小难以容纳，再一问价格，吓得不敢出声。因此常常做梦，梦见拥有一间洒满阳光的书房，可以假模假样做个文化人，可以独自看书写字，可以与好友聊天喝茶，可以让老公种花养鸟，可以含饴弄孙，可以一时的慵懒，可以一世的憧憬。一觉醒来，原来一枕黄粱！是做梦也好！说不定哪一天就实现呢？

快速变革的时代需要坚守

夜里一度辗转反侧，后枕着梦呓勉强入睡，早晨醒来，头脑里蹦出一个字“坚守”，想想也不觉得奇怪，定是这段时间对此类问题思考的沉淀，从本能的潜意识中一下子涌向意识层，促使我不得不说说“坚守”。

最可能是受到昨天事情的诱发：局下属事业单位的一名员工递来一份辞职报告，抱怨适应不了本职岗位，嫌工作时间忒不自由，尤其哀叹看不到职业的前景，她要辞职另谋高就。闻讯后我一声叹息，体制内这个单位也像围城，里面的人想出去，外面的人想进来，当初她过五关斩六将考进这个事业单位，五年后她一呈辞书，挥挥手不带走一片云彩？我一直很关注她，因为她有清纯秀丽的外表、率真不做作的个性，加上她是考进来的，更让我多了一份好感。只是渐渐发现她工作缺少敬业精神，隔三差五称家里有事，三天两头说身体不适，就不来上班。开始大家以为她家庭负担重挺同情她，次数多了时间长了，大家知道她是个情绪化极重的人，喜怒哀乐全都写在脸上，心情好的时候她是单位的业务骨干，是同事的好姐妹，不高兴时她挂着一长脸拒人于千里之外。因此，突然提出辞职既是意料之外又在情理之中，我和她程序性谈谈，然后又与她丈夫沟通确认，看来她去意已决，无须挽留，天要下雨娘要嫁人，随她去吧。她走后我一直在思考这个问题，一个各方面条件不错，完全可以成长为优秀员工的年轻人为什么会做出这样的选择？诚然，她是有自己的苦衷，来这个单位的几年时间，是她人生关键时期，结婚成家生孩子，也是一生困难最多的时间。她丈夫是生意人，根本没有时间照顾家庭，家里大大小小的事情全压在她身上，加上生活节奏不同步，夫妻之间没有机会沟通，工作中的烦恼、生活中的压力全窝在心中，无良性发泄的渠道，就不时转换为躯体上的不适，所以年轻的她经常出现这儿痛那儿痒，还会莫名其妙地拉肚子。本是一棵好苗子，可是遇到困难她没想办法如何克服，如何调适自己更好地应对，却选择退缩。其实工作生活中的困难人人都会遇到，在每个人身上表现不同罢了，别以为只有自己面临着困难，他人前程是一片锦绣，他人面前都是一片坦途。对待困难，是选择退缩还是坚守，决定人生最终会是什么样的结局。

前些日子读了北大校长王恩哥对毕业生的致辞，他说："改变别人也许很难，但改变自己只需要坚持！"他希望北大毕业生在快速变革的时代一定要坚守，坚守"砥砺德行，立己立人"的道德追求。坚守"守正笃实，久久为功"的平和心态。坚守"宠辱不惊，自信自励"的人生哲学。很有感触！在这个快速变革的时代，在这个喧嚣浮躁的社会确确实实需要有一种品质，那就是坚守！想起北大古生物专业2014届只有一名毕业生薛逸凡，她需要怎样的淡定和执着才能坚守下来？想起自己孩子因为所学专业冷清就放弃继续做学问的研究，选择一个与专业无关毫无自身优势的职业，而没有选择坚守。

坚守是痛苦的，不仅仅要克服当下的困难，还要准备好迎接未来道路上不可预知的艰难和困苦。

坚守是寂寞的，有着高处不胜寒的寂寞，有远离市俗喧嚣的冷清，唯有心跳陪伴的孤独！但那是黎明前的黑暗，或许离成功只有一步之遥。

坚守是美丽的，坚守的最后就是收获，就是成功，就像在攀登中坚守，才能领略无限风光在险峰，于最高处欣赏到最美丽风景！

在事业中坚守，就会取得事业的成就，在一个领域中坚守，就会成为领域中的精英。像北大历史地理学泰斗候仁之那样，候教授从1952年在北大执教直到去年去世，几十年来，先生以历史地理学为安身立命之所在，孜孜不倦，坚毅卓绝，在北京旧城改造、沙区治理方面做出极大贡献，成就一番大事业。在爱情中坚守，不离不弃，就会收获甜蜜的硕果。杨绛在百岁感言中说："我们曾经如此渴望命运的波澜，最后才发现人生最曼妙的风景，竟是内心的淡定从容！"前天是她103岁的生日，她和钱钟书不仅举案齐眉，双双收获事业成功，蜚声世界文坛，他们世纪爱情同样为世人称道。多年前，杨绛读到英国传记作家概括最理想的婚姻："我见到她之前，从未想到要结婚；我娶了她几十年，从未后悔娶她；也未想过要娶别的女人。"杨绛把它念给钱钟书听，钱钟书当即回说，"我和他一样"，杨绛答，"我也一样"。钱钟书生前曾这样评价杨绛："最贤的妻子，最才的女，最好的友。"

想到自己因为没有在心理学领域中执着地坚守，才落个半瓶子水，对曾经的同事同仁如今的博士教授只能仰慕和叹服；因为没有在某一岗位坚守，这山望着那山高，半途中逃离，才留下事业中诸多遗憾。我对辞职的小同事说，人生没有随随便便的成功，今后你不管从事什么职业都不可避免面临这样那样的困难，即使不工作做全职太太，生活中也会有种种不如意，但不管遇到多大的困难，不管有多少不如意，一定要学会坚守，困难就像影子，你怕它选择逃离，它则永远尾随你，你只有选择面对，它才会在你不畏惧下败下阵来。我想对孩子们说"天下难事必做于易，天下大事必做于细"，再细微的小事只要坚持做下去，都会收获伟大的成功。再冷门的行业只要坚持下去，也会成为威震一方的专家；在爱情的乐园中只要坚守不放弃，一定会收获芬芳！

前几天收到一微信："放弃"二字15笔，"坚持"二字16笔，放弃和坚持就在一笔之差，却差之毫厘，失之千里。这是中国文字的奥妙，也蕴含着深刻的哲理。

且行且珍惜

（家庭篇）

如果把我们的家比作一首诗，

我爱，我爱，我爱！

果实压满枝头，幸福满心，令人心动！

——作者题记

阳光正好

进入正月里来一直是阴冷和细雨绵绵，这两天终于迎来了晴好天气，阳光正好，天空一片蔚蓝！一觉醒来拉开窗帘，阳光透过落地飘窗一览无余，如金色瀑布倾泻而下，填满了房间的每个角落，空气中满是阳光的味道。清晨上路，一路阳光相伴，听着江苏音乐台“阳光清晨”的节目，浑身也充斥了满满的正能量，以愉悦轻松的心情开始一天的工作。正午，饭后在办公室小憩，躺在沙发上，沏上一杯茶，阳光透过薄薄的窗帘均匀地洒满全身，此时静静的、暖暖的，或想想心事，或听春天匆匆走近的脚步声。黄昏的时候，还可以到河堤上走走，当夕阳渐渐西下的那一刻，那是何等的从容和壮观！

我是特别喜欢阳光、渴望阳光的人，翻看自己写过的微博和博客，写阳光的特别多，只要是阳光灿烂的日子，我的心情倍爽，忍不住要写上一两句话，歌颂阳光，那是心情的写照。童年的时候，我家住的是土改时分得的地主家的房子，是一个小型的四合院，四家人居住，我家分的是北面的一间房子，终日见不到阳光。后来家里有实力盖新房子时，我又外出上学，住的是没有阳光的集体宿舍。成家后，单位分房子，虽然南北朝向，可我分到二楼，阳光依然不充足，每天只有两个小时可以享受暖暖的阳光。那时只要有晴天必晒被子，短暂的阳光对我来说是如此奢侈。前几年，婆家老宅拆迁，当时面临两种选择，一是拿安置房，另一种是拿补偿款，拿房比拿钱划算，经和家人商量，我选择拿拆迁补偿款，再凑上这么多年的积蓄，下定决心要为自己的下半辈子选一套面朝阳光的房子！在选房时，我甚至舍弃带大院子的一楼，而选了四楼，就是为了与阳光有更近的接触。我的办公室原是靠北面很大的一间，全是落地窗，视线极好，凭窗而望，可看见河水流淌，杨柳依依，可以遐思，可以观景。后来因清理办公用房超标，我的办公室从大房间腾到小房间，面积不到原来的四分之一，不过倒是从北面搬到南面，虽然房间像个鸽子笼，但可以有阳光进来，心中依然欢喜。一位略懂风水的老乡来我办公室，建议我把窗帘拉下，我问其由，她说窗外民房拆迁，一片废墟，风水不好。我不以为然，觉得有阳光照着，便是好的风水。现在，从上班到下班，一直在阳光照耀下工作，不再有被阳光遗忘的角落。我还设想将来能有偌大的阳光书房，里面可以种些花草，再放上一张躺椅，慵慵懒懒地享受有阳光的日子。

早上我的微友发来一段微信：岁月的枝条盘旋着朝着有阳光的方向努力的生长，记忆的香樟叶毫无章序地挂满了枝条，当我们老去时，摘下一片香樟叶，忆往昔……我回复到：阳光恣意洒落，填满天和地的每个空隙，但愿今后阳光一路随行，铺满未来的路，当我们年老回忆往事，记忆中满是阳光的味道！

前几天看到一篇文章《一切都是最好的安排》，里面有一句话："你应该相信，在你身上发生的一切都是最好的安排"，顿时感觉有一股热血往上涌，感觉说到了心坎上，一种激励油然而生。是的，不论我们身处何种境况，都必须有阳光般的心态，如同一株植物，面向阳光才能更好地生长。我们常常不满现状，满腹牢骚和抱怨，埋怨老天不给厚爱，命运总和自己过不去，自己活得一踏糊涂，看看别人怎么就活得那么光鲜亮丽、潇洒自如，要风有风，要雨有雨？其实这是个心态问题。你用积极的心态看问题，就会有阳光愉快的心情，觉得顺风顺水，形成良性循环，甚至激发潜能；如果你用消极的心态看问题，沮丧、抱怨和愤恨充满心间，就会压抑心智，影响正常发挥，继而形成恶性循环。在岁月长河中，当你一路走过时，再回头看时，你认为最糟糕的现状并非就是最坏的结局，反而为走向成功做了最好的铺垫。记得卫校毕业时，大多数同学分到大医院工作，而我则分配到偏僻的精神病医院工作，同学们纷纷为我担心：整天面对精神病人，日子怎么过啊？我也曾经一度低落，但一旦沉下心来，投入到真实的生活中，一切还是那么充实，我一边工作，一边学习，不断提高自我，终于遇到招干考试的机会，命运从此改写。想想如果没有当初艰苦的磨炼，就不会激发积极向上的动力，就不会现在有一边得心应手工作，一边还能写着文字的悠闲。当初在别人看来无比糟糕的现状，现在看来也是命运给我的最好的安排。何况任何事情都有利弊，利和弊也不是一成不变的，也是可以相互转化的。

任何时候，我们都要心向阳光，相信一切都是最好的安排！

今天阳光正好！

女儿北漂的日子

最近的一些日子，女儿晚上回去都很迟，我知道她在忙着和同事同学依依告别，女儿是重情重义的。自从那年党的生日，女儿毅然决然踏上北漂之路，一晃两年过去了，往事如烟……两年多的职场打拼，两年多和同事们朝夕相处，两年多南京北京两头的牵挂，伴着隔三岔五“十点半火锅”的夜空，一定留下太多的甘甜和辛酸，足够女儿用一生的时间来回忆和铭记。女儿今日凌晨微博写道：来日江湖远大，不忘梦里桃花。

女儿北漂两年了，我一直想去看看她，到底工作和生活得怎样？可她每次总是以各种方式婉言谢绝，让我欲罢不能，即使借出差机会去看望，也最多在我住的酒店匆匆一见，这让我徒增一份担心和忧虑。今年的端午节前女儿有了离开北京的打算，才同意我去，陪她渡过北漂期间唯一的中国传统节日。那天傍晚五点多，我乘坐的高铁按时到达北京南站，在出口处望着匆匆的人潮涌动，正茫然不知所措时，看见穿着白衬衣玫红裙子的女儿正向我招手，她接过我的行李，带我穿过人流，过了马路，通过滴滴打车叫来出租，一切娴熟而便利。我仔细端详她，与前几年在北京上大学相比，褪去了青涩，多了一份从容。

正是端午节前夜，首都的夜晚是想像中的繁华而忙碌，出租车一点一点向前蠕动着，一向性急的我因为有女儿在身边也心静安然，同样性急的女儿显然已适应大都市拥堵的节奏，不急不躁。女儿和我一样的性格，有事说事，干脆利落，我俩除了必要问答外没有多余的家常话，从头到尾都在听的哥带着皇城根弟子特有的优越穷侃着，从国务院到街巷胡同，总有侃不完的话题。直到一轮弦月朦胧呈现，我们才到达女儿居住的小区。

前几年在房价直线上涨时，面对家人和朋友的强大阻力，带着几分任性卖掉家乡的大房子，又东凑西借在北京的贫民窟买了二居室，是想为女儿将来在北京打拼解决后顾之忧。谁知女儿北京本科读完后出乎意料地去上海读研，适逢国家房价调控政策出台，北京房价一时下跌。亲朋好友都为我惋惜不已，作为当事人的我则表现糊涂式的好心态，任房价自我涨跌，我自观云卷云舒。真是世事难料，山不转水转，女儿研究生毕业后应聘外企集团，又被上海总部派到北京工作，闲置三年的房子终又派上用场。

女儿带我在小区附近随便找点吃的，沿街走走，道路坑凹不平，不小心踩入水洼里，沾了一身水，店面墙体斑驳，店门油污混杂，这里的环境如九十年代我们那里偏远的乡镇，没想到大北京还有这样破落脏乱的地方？心里直为女儿叫屈！吃完晚饭，已十点多，回到女儿在北京的家。进门一看，客厅内放满了各式鞋子，可谓无处下脚的地方，春夏秋冬都有，呈两大方阵，有明显的分界线，另一方阵是租客女孩的鞋。女孩住小居室，女儿住大居室，女孩的居室拾掇得整洁而温馨，女儿的房间简单却零乱，被子也不叠，椅背上层层叠叠堆放各季节衣服，让人担心椅子难以承重会被压垮。这才是我真实的女儿，用她的话说太整齐了就会影响灵感的迸发。

花了一天的时间，为女儿的家打扫卫生，小区的超市来回跑了几趟，买各类卫生洁具。从客厅、卫生间到卧室，从鞋子、衣服到被褥，不亦乐乎，累而幸福着。

女儿虽生活上粗心，处人处事挺用心的。为我这次行程做了精心安排，提前在网上给我订好了参观故宫的门票，那是我多年的心愿，一直想好好看看故宫，感受大清皇的威严和奢华，领略中华文化的博大和精深，那天我成了故宫的第一批游客。本想在故宫待上一整天，像模像样做个文化人，看深看透故宫的内涵。其实作为一个普通的游客是难以做到，许多地方都是游客止步，有所限制，大门紧锁，也只能参观一些建筑。不过仅此而已，足够我们静观细品，这里的一砖一瓦浸透了历史的沧桑，这里的一草一木承载着岁月的故事。只是畏惧烈日的威严，再者手机充电不足，匆匆结束参观，留有一丝遗憾。

晚上女儿又订好了票去郊外的海淀区中间艺术区去看一场摇滚音乐剧《空中花园谋杀案》，女儿说她两年前看了，觉得不错推荐给我，在网上搜到只有这家在演。我俩打的花了95元才到了那里，路边有“李尔王”、“哈姆雷特”等宣传画，有剧场有展览馆，艺术氛围很浓。第一次看摇滚音乐剧，开始不适应，咚咚咚音乐声撞得我心痛，好在剧情跌宕起伏，引人入胜，渐渐融入情节中，或深情演唱，或震撼的摇滚，或夸张的舞蹈，表现角色复杂的内心世界，声情并茂。两个小时很快过去，意犹未尽，虽说是年轻人的艺术，看得蛮过瘾。回去时大雨滂沱，打的花了145元。为看了一场演出总共化了一千多元，觉得不值得。女儿说是带我欣赏高雅艺术，我说还不如去国家大剧院看场演出。女儿说可以啊，于是又在网上搜索，有场俄罗斯狂想音乐会，女儿问我是否看。我说都可以，只想去现场感受最高艺术盛宴，既使听不懂，对自已也是一次艺术薰陶。远远望去，国家大剧院就像镶嵌在碧波荡漾湖面的晶莹珍珠，正大门“国家大剧院”五个大字由江泽民题写，进去有几十米玻璃长廊，头顶上是流动水面，就好似海底隧道，然后进入球形剧院。音乐大厅就像电视上看到的维也纳金色大厅一样，不富丽但堂皇，朴素而高雅。整个大厅座无虚席，至始至终鸦雀无声，演奏的是外国乐曲，我听不懂，估计大多数观众和我一样，说不上欣赏，只是出于对高雅艺术的一种崇敬。一时觉得我们都是《皇帝的新装》中的人物，都在装模作样，只是没有出现那个率真勇敢的小男孩。

女儿建议去她工作的酒店住一晚，我虽然心疼钱，还是觉得很有必要。不久后女儿就要离开北京，一定要去体验她工作的环境。金融街威斯汀，涉外五星级酒店，平时仰望而已，借女儿的光，住上了，对外1800元价格，女儿员工价只需500元。到了酒店给女儿打电话，一会儿一身职业装的女儿带着员工下来接我，员工一边接过我的行李，一边夸奖女儿的能干，很受领导器重，职务连跳几级等。房间宽敞明亮，弥漫清香，凭窗望外，高楼大厦尽收眼底，可以理想地看到远方。女儿工作场所却很逼仄，拥有一平米的格子间，每天在这里工作到深夜。晚餐女儿在酒店自助餐厅招待我，每位500元，中西餐各样品种琳琅满目，可惜肚子太小，实在撑不了。我担心女儿每晚都这样海吃，惯坏的胃口，谁能养得起。

晚饭后，我和女儿漫步于著名的金融街，初夏的夜晚，凉风习习，很是怡人。不是想像中的灯红酒绿，却是行人寥寥，四周高楼林立，道路则显得窄小，车辆鱼贯而入，像是十多年前眼中的香港。高楼大厦标识着各类金融机构。担心女儿每天夜晚下班走在这空荡荡大街是否安全？她告诉我这几天端午节放假，行人少，如果平时工作日深夜这些机构都是灯火通明，出入的都是白领精英，都是在用青春睹明天。

金融街购物中心门前有一组雕塑，三只奇形怪状的猴子屁股朝向大街，不解！女儿说这就是轰动一时的大熊小熊故事。原来，购物中心为了营造气氛，策划“熊出没”主题儿童项目，于是在店门口放置一大一小两只熊雕塑，其中大熊树起熊掌如点赞，对面的中国证监会不同意，用个熊指着我何意？喻示“熊市”吗？不得已，只得将大小熊换了位置。这下轮到交通银行提出抗议，位置一换，熊掌正好指向交行。再转换一下方向也不行，周围都是金融机构。无奈，购物中心只好把大熊小熊搬回店内。又设计三只小猴一组雕塑，以示猴年吉祥，这些金融机构仍不满意，认为猴子上窜下跳，不稳定。购物中心无奈，将猴子掉转方向，于是成了三只猴子背对大街的现状。现世幽默，真实笑话。

于是逛街，都是奢侈品，看价格膛目结舌，女儿说看中什么我替你买，我看看女儿，口气好大。

白天在高楼大厦的环境中工作，属于白领阶层，光鲜亮丽，晚上却生活在贫民窟，属于蜗居一族，脏乱差，每天在不同的环境中转换，女儿却适应自如。女儿最后掏心窝地跟我说：你现在清楚了吧，我在北京工作这两年真的感受快乐和自由。想想也是，女儿自己挣钱自己花，爱买什么就买，出门打的不心疼，休息天睡到天昏地暗一天只吃一顿没人管。每天工作到深夜，在我们来说简直是玩命，对她来说正常的生物钟，即使不工作，玩也到那么晚，感觉寂寞时就邀三朋四友胡吃海喝，于是有了“十点半火锅”之说。当然偶尔看看电影唱唱歌，看看话剧享受高雅艺术。能够尽情尽性，虽苦犹甜。一年后单位组织体检显示，多项指标临界，典型亚健康状态，这就是女儿北漂的生活。

女儿离家第十个年头，除了在上海读研的三年，其余都在北京度过，北京记载她最美好的青春年华。还记得那年送她来北京读大学，在我和她爸离开的一刹那，留着童花头、气稚未脱的她强作笑颜和我们道再见，分明已看见她眼睛里泪水，让我心中阵阵酸楚。女儿在一次又一次南来北往中得到锻炼，越来越老练和成熟，特别是那年赴南非开普顿参加世界心理学大会，让女儿真正开了眼界见过世面，增强女儿在外闯荡的信心。毕业后，多次劝她回家乡找份稳定工作，安闲舒适，可她飞出去的心一时收不回来。女儿在外漂泊，做父母难免没有牵挂和担忧，特别是女儿正式进入职场后，常常加班到深夜，地铁停运了，只能乘坐的士，在我这老妪看来具有安全风险。于是每晚十点电话成了必修课，如果恰逢女儿手机没电或者关机模式，我便呈现神经质般的焦虑，直到确定女儿安全到家才能心安入睡。我催促女儿尽快结束北漂生活，有个稳定的归宿，可女儿职业生涯刚起步，并有可喜的上升势头，但北京终究是漂泊之地，干得再好最终归于零，迟走不如早走。

女儿不得不忍痛割爱，双方妥协达成一致，回到上海找份工作。

就这样，女儿依依不舍和同伴告别，结束北漂的生活，等待她的是崭新和远方……

当大难来临时

去年也是这个时候，夏末秋初，有些微凉，那时真感觉天要塌下来了！那天一早起床就发现老公闷声不作响地坐在沙发上发怵，他说今天拿病理检查报告，可能有问题。在这之前，他去医院定期做胃镜检查，结果胃部没什么问题，医生却让他去五官科检查，随即要求做病埋切片，并且给了他不太乐观的暗示，所以他一直闷闷不乐，心有余悸。看他如此恐慌，我建议陪他一起去拿病理报告。到了医院病理科，我报了老公的姓名，医生用异样的目光看着我："你是他的家属？"然后递上病理报告单，我迅速扫了最后一行："诊断：恶性鼻咽癌（低分化）"。顿时我的眼前一片漆黑、两腿发软。同时老公也看到了让他心惊肉跳、心理墙倾塌的那一行字，拿报告单的手在发抖，问我怎么办？第一次发现老公那么惊慌无助的眼神。当时我的第一反应是否认，肯定是误诊，怎么会呢？他平时身体那么棒，吃得香睡得着，心情愉快，工作家庭顺风顺水。再说没有一点诸如鼻塞、出鼻血、头疼等鼻部症状啊！但是医院病理报告的宣布是权威而严肃的，不得不信啊，尽管情感上否认，理智催促我赶紧去大医院做进一步检查。于是我俩迅速驱车来到省肿瘤医院，通过他的同学找到一位头颈科主任，她是一位与老公同龄的女性，看完带去的片子，她微笑平静地告诉我俩："从片子上看，确诊无疑，先住下来吧！"她那种说话的语气和神态就好像告诉病人是生了感冒一样的小毛病，轻轻的一句话就像拍卖行老板的一锤定音。于是开了一大堆检查化验单，并吩咐隔一天她和我们家属商谈治疗方案。那天回去的路上，我俩一路沉默，沉默中有掩饰不住的焦虑与恐惧。老公执意要自己开车，大概是想证明自己还算镇静，结果还是闯了一次红灯，并且走错了路线。到了东山后，我俩说好各自回单位安排好工作，办好请假的手续。到了办公室，我已疲乏无力，一下子瘫倒椅子上，脑子里一片混乱，当即发了一条微博：黑色的日子，半小时以后又发了一条：要坚强！我意识到自己必须坚强，不能慌忙，必须做好家里的顶梁柱，不仅要稳住自己，还要稳住老公以及家人的情绪。身体生病了，精神不能垮，精神一垮，身体就会像破溃的堤坝。此时的老公也极其脆弱、没有安全感，光我一人可能难以抵挡他那日益倾倒的心理墙，目前急需要为他搭起一层亲情网，给他以精神上的支撑。老母亲八十多岁了，不能对她说；女儿孤身在外地工作，也不能告诉她。于是我把消息首先传递给除此之外他最亲的人，他的妹妹妹夫。突然降临的大难把大家庭凝聚得更紧，当晚很久没见面的大家庭又相聚到一起，姐妹们表态：要钱出钱，要人出人，全家出动，共同面对。晚上在回家的路上，秋风拂面，想到有亲情的援助，拔凉的心头掠过一丝温暖。

第二天检查结果出来，证实区医院没有误诊，而且明确是中晚期，好在除了附近淋巴结有些肿大外，其他器官还没发现。于是提前一天病区主任与老公本人公布了治疗方案，与一开始讲的与家属商量治疗方案有些出入。整个治疗以放疗为主，辅助四次化疗，尝试性运用靶向治疗。此时处于慌恐状态的老公似乎恍恍惚惚，对医院治疗方案没有异议，全盘接受，丝毫不考虑治疗所带来的副作用。想想老公在生病前也常常跟我探讨的观点：大多数癌症病人不是病死的，而是吓死和医死的。一旦轮到自己头上，大多数病人宁愿被医死，也不会漏过任何治疗机会，求生的欲望都很强烈。有时我会运用一点专业知识对治疗提出自己的想法，都是被老公一句话堵死：“听医生的！”

从此，老公成为一个癌症病人开始了漫长而又艰难的治疗过程，先是进行一次化疗，老公的体质本来就好，所以毫无药物副作用。接着开始放疗，每天一次，进行到十几次时开始出现进食困难，是因为放射性治疗烧伤了咽喉部，越到后面，吞咽越来越难，从半流质变为流质，吃一顿饭的时间也越来越长。特别是到放疗的最后几次时，颈部外部也破溃，内外夹攻，其痛苦难以言状。好在老公的耐受力还真行，一直坚持到放疗结束，共放疗 35 次。记得我的堂姐患喉癌时就是因为难以忍受放疗的痛苦而没坚持到最后，我曾听堂姐描述过那种难受，生不如死的感觉，不过后来堂姐还是通过唱歌跳舞文艺疗法战胜了癌症，成为抗癌俱乐部里的明星，近二十年过去了，她依然活得很好。可见放弃治疗有时未必就是坏事。

与治疗带来的痛苦相比，心理上的折磨更让人难受，和一般病人一样，老公经历了否认、接受、适应、坦然等几个阶段，伴随着出现情绪上的不稳定，他时而情绪兴奋，特别是面对外人，当一拨拨亲戚朋友前来探望时，他滔滔不绝、口若悬河，时不时说一些俏皮话弄些小幽默，让人觉得他比较乐观。当只剩下家人时，他就处于缄默状态，一个字都不愿多说，躺在病床上，想他自己的心思。有时也极其烦躁，特别是听到有人说到“某某死了”等词语时，他极为敏感甚至暴躁。我能做些什么呢？首先我是学过医的，略懂一些医学知识，其次我是有国家心理咨询资质证书的，本可以发挥我的一些专业作用，参与治疗方案的讨论，同时给予一些心理上的治疗。但因为我的身份是妻子，我面对的是老公，此时我的任何观点都会遭遇抵触与反感，甚至我不敢开口。我只能以妻子的角色出现，给予生活上的照顾，烧煮为他特制的饮食和饮水；还有陪在他的身旁，看着药水一滴滴滴入他的体内，然后喊护士换瓶，如此反复。

我仍然不甘心放弃，在他心情略为放松的时候、在他心理警惕性较低的时候慢慢地渗透我的观点，潜移默化地影响他。首先让他接受生病的事实，面对现实，认真地完成治疗的过程。有时我会说：“人吃五谷杂粮哪有不生病呢，有的人生这种病，有的生那种病，有的重有的轻，有的先生有的后生，有的虽然疾病缠身却始终活着，有的健康强壮却溘然长逝，有的好好的走出门却被车子撞死了，从宿命论来讲，这就是命，命中该你生病了也无法逃脱。从哲学来看，任何的结果都能找到原因，任何疾病的形成都是一种必然规律，或是遗传基因的作用，或是不良个性或生活习惯累积所致。不管怎样，既然发生了，就要积极面对，我们全家人都会陪着你渡过这最困难的时候。”后来我安排患白血病目前恢复较好的女同学梅来看望他，梅用亲身经历开导他：积极治疗，按医生的要求一个疗程一个疗程地完成治疗方案，注意力专注在治疗过程，不要去想治疗效果如何，排除一切负面情绪。在他心理应激期过后，情绪渐渐平稳下来，我们之间也能平和地沟通了，我收集周围癌症康复病人案例鼓励他，增加他对未来的信心。在有人来探望时，有意或无意地说：“现代患癌症实在太多了，癌症渐渐成了常见病，医学上统计每六个人中就有一个癌症病人，每个大家庭都会有癌症病人，所以当癌症落个哪个人身上时也不必奇怪，每个人都可能成为人群中六分之一的人。”当一个人遭遇大难时，如果知道许多人和他一样都面临大难时，都会减少恐惧的程度。

既定的疗程结束后，我陪着他去盱眙天泉山庄住了几天，清新的空气和慢生活的节奏有利于心情的放松，此时重要的是让他摆脱癌症病人的阴影，不要把自己当作病人看待，回到正常的生活中来，逐渐恢复生病前他就承担的一些家务事。再后来鼓励他在身体许可的情况下经常去单位转转，处理一些日常工作，换换环境。渐渐地他从周围很多康复的癌症例子中有了新的认识，对前来看望的亲戚朋友说：“现代医疗也发达，癌症已经不是绝症，大多数都可以治愈的，已经成为一种慢性病。”听他这么说，我感到欣慰，老公在和癌症抗争中不再畏惧，逐渐在心理上战胜了它。

老公住院后，我一度感到很脆弱，特别是在夜晚，因搬进的新小区入住率不高，人烟稀少，晚上听到风吹落叶声、雨打窗户玻璃声，还有抄煤气的敲门声，加上原有的满腹心事，因此常常战战兢兢，夜不能寐。白头发一下子冒出了很多，体重也掉了不少。特别是每天都要找个借口瞒着女儿，总担心露出破绽，因为女儿每晚都有打个电话报平安的习惯。这个说谎让我心力交瘁。突然间觉得夜深深、路漫漫，很孤独无助。转而又提醒自己不能垮了，心理压力需要释放，这时候是需要朋友帮助，给予精神上的支撑。我把老公生病的消息告诉了几个较好的朋友，大家很快送来了精神上的安慰和支持，如夏日的清凉。其中的一位朋友误把劝慰的信息发到我女儿那里，女儿正在上海出差，收到信息后迅速赶到家，她让我到小区门口去接她，一下出租就紧紧抱着我，说："妈妈，你辛苦了，你一定要坚强啊！"然后简单地问了她爸爸的病情，我们一同上楼回家。见了瘦得脱形头发又掉了的她爸，女儿心里一定很难受，但她很镇静，搂着她爸，像一惯那样，说着俏皮话。顿时，我感觉到女儿真的长大了，懂事了，在大难来临时，她不慌张有主见，真的能成为家里的精神支柱，从此我增加了力量，也对女儿有了信心，相信她能够独自面对前方道路遇到的一切。

时间又过了一年，老公经过几次复查，医生都说效果不错，除了体重还没恢复到从前，除了可能过度治疗留点副作用外，基本回到原来的生活、工作和精神状态。一年来，面对突如而来的大难，我们一家人经历恐惧、焦虑、担心、痛苦，尽管非常艰难，但是我们还是相互支撑一步一步走出来，一天一天过来了。仍然是这样的季节，秋风送爽，天高云淡！

大侄子

大侄子换了新房子，邀请叔叔婶婶、姑姑姑父去认认门当，我们兄妹几人高高兴兴在大侄子的河西新家小聚了一下。

大侄子的新家不是什么豪宅，只是普通的高层三居室套房而已，但给人以宽敞明亮、整洁温馨的感觉。家居陈设简单，摆放有序，一尘不染。大侄子结婚后一直与丈人丈母娘住在一起，如今共同生活十五年，换了四次房子，从江北搬到市区，从小房子挪到大房子，每次搬家都略有改善。家中每一处摆设、每一个细节，家中每个人的举止和表情都向我们传递出：这是一个过日子的家庭，这是一个有教养的家庭，这是一个人人都自律的家庭，这也是一个其乐融融、相敬如宾的家庭。

我比较看好这个大侄子，从小到大都优秀，不论是学习工作还是为人处事，一个词“稳妥”，让家人一万个放心。虽然，他们这一辈分中还不乏重点大学高学历的弟妹，但是我还是时常教导他们要向大哥哥学习！

大侄子是1976年地震那年出生，起名为：俊杰，颇有文化的大哥得意地解释：乱世出英雄，地震出俊杰。大侄子一出生就叫人喜欢，白皮肤、乌黑的头发、端正的五官，还有两个深深的酒窝，一副讨喜的模样。小时侯就显露出与一般孩子的不一样：聪明、乖巧、善解人意，还特别顾家，记得那时家里烧大灶，他常常从外面拾些枯枝回家当柴火。每每得到大人称赞，可以说大侄子是在一片赞扬声中长大的。

大侄子在三岁多时遭受一场磨难，那是一个中午，他的奶奶也是我的妈妈在为一家人准备午饭，然后吆喝一声："准备吃饭"，大侄子听说后赶紧去拿筷子，因筷笼位置高够不着，他搬来小凳子站在上面去取筷子，哪知凳子没放稳，一下子跌了下来。要命的是筷笼下面是煤炉，炉子里正炖着一锅热气腾腾的骨头汤。结果惨不忍睹，大侄子颈部深二度烫伤，并且造成疤痕粘连，先后四次做了植皮手术，最终还是在颈部留下一道明显的疤痕。后来有高人说，这孩子太完美了，老天都嫉妒了，所以给他一些缺憾的。那些日子，全家人感到天昏地暗，但大侄子俊杰却异常勇敢，从未听到他哭过，住院的时侯病友看他那么痛苦都让他哭几声，他却忍受住疼痛克制着不哭，还安慰着我妈："奶奶，不怪你，是我的错。"才三四岁孩子说出这样的话，让我妈内疚了一辈子直到死。大侄子的勇敢和懂事也感动一批批病友，一次次住院也结交不少"大朋友"。

大侄子五岁半就上一年级，成绩不用说了，到了初中开始排名，他总是稳居年级第一，后来初中毕业离校，那所学校在全校学生中发出"向毛俊杰学习"召号，那年中考他仍是全校第一，分数可以被南师附中录取，但我大哥非让他上中专，先解决农村户口，后来上了最好的小中专——省电力学校。大侄子不到十八岁就毕业工作了。

大侄子一向不让家人烦心的，在江北一个电厂工作十年后在当地找个女孩成家，接到结婚喜讯，全家人非常高兴，纷纷要求提前去帮忙张罗，到了现场才知，连大哥大嫂都闲在那没事，一切都安排得妥妥贴贴的。之前已由单位同事朋友成立个若干小组，各负其责，各路亲戚都有专人负责接待，一切安排井然有序，他的爸妈、我们这些叔叔姑姑只管喝好吃好就行。侄儿独自异乡打拼十多年，没让家人烦心，自己存钱买房，考虑父母今后养老，还替他爸妈在江北贷款买了房。

大侄子目前只是一名民企中层管理人员，我一直为他叫屈，凭他的能力人品个性，早已该是业内精英，呼风唤雨。他却一直不温不火、稳稳妥妥地骑着电动车上班。早期也见他不断忙着公考，毕竟没有高中课程功底，虽然工作后不断进修，学历也不低，但跟那些全日制本科相比，竞争力还弱些。后来心事放在儿子身上，也断了公考念想，但大侄子一直要求上进，一开始从车间考到厂办当秘书，记得侄子跟我说过，面试时有道题："你觉得当办公室主任哪项品质最重要？""好像在爱岗敬业""无私奉献""勤奋工作""任劳任怨"之间选一项，侄子后来跟我说他选了"任劳任怨"，不知是否准确？凭我机关工作的经验，我觉得侄子答得很对，虽然他一直从事技术，但对办公室主任应有的品质把握很准。干了几年秘书深得厂长信任，本应重用，可遇到企业改制分家，侄子选择民企，又从最基层做起。有一天，侄子又和我商量，新单位领导又让他去当秘书，他觉得目前干技术得心应手，去还是不去？很纠结！我觉得去好。领导肯定发现他"稳妥、细致、有条不紊"的长处，而且侄子脾气特好，不紧不慢，和风细雨，不论到何处都是受到欢迎的人，建议他不要辜负领导的信任。后来侄子采纳我的意见。

去年年底，大侄子又竞争上省公司的管理岗位。家又从江北搬到河西。看他与丈人丈母娘相处得那么融洽和谐，打心里佩服和高兴！

是金子总会发光的，我看好大侄子，期待并相信他会有更好的未来！

父亲的“文艺范”

父亲母亲已经离开我们整整九年，今天是父亲的祭日，秋雨来了，下起来就没完没了，煽动着我们本就悲伤的心情，我和哥哥们本打算上山烧纸祭拜，无奈细雨连绵不断，阻止我们的步伐。没有寄托，思念便如洪水泛滥，想着父母种种的好，想着我们许多没能做到，想着父母走得过早。对母亲的思念更多的是心酸和愧疚，对父亲的思念则是一种崇拜与欣赏，随着岁月的流逝，脑海中越发清晰地印出父亲那十足的“文艺范”！

小时候家里的墙壁上挂了许多相片框，父亲的照片最多也最醒目，父亲喜欢照相也特别上相，印象最深的是他四十多岁拍的一张照片，留着二八分的西装头，戴着一副眼镜，一条围巾前一搭后一搭，像极了五四时期漂洋过海的进步青年，又潇洒又儒雅，每个人见过后都会啧啧称叹！父亲是不折不扣的美男子。一直到去世前，八十岁了，父亲仍面容饱满，几乎没什么皱纹，一副牙齿雪白整齐完好无损，至终都保持着不胖不瘦的体形。还有父亲那一双修长的手指，天生就是搞文艺人的手。

父亲天生写得一手好字，并且在家族中遗传下来，只可惜传男不传女，记得小时候家乡江边上“龙潭闸”三个大字是父亲写的，那时还没有什么广告制作公司，父亲常常被一些单位或公司请去写标牌或门牌，当然都是无偿的，有的单位或公司会送给几包烟表示感谢。退休后，父亲又上老年大学静下心来练书法，从中得到乐趣，从行书到草书，下笔犹如神，如行水流水，父亲似乎在一撇一捺中重拾年轻时的潇洒。特别是草书如龙飞凤舞，不好认，父亲有时也教教我，只记得“上”的草书是上面一点、下面两点，“下”是上面两点、下面一点，就好像中学数学中的“因为”和“所以”的缩写。春节写对联是父亲得意之作，后来又学着制作中堂，印象最深的有一次他铺开很大张白纸，用抹布蘸着金黄色染料任意洒下星星点点作为底色，然后潇潇洒洒写下“吃自己的饭，流自己的汗，自己的事自己干，靠天靠地靠祖宗，不算是好汉”，落款“郑板桥”，又用金黄色染料勾画出边框，宛如一件艺术品呼之欲出，挂在我家堂屋香几之上的正中位置，保持好几年，一直到纸质泛黄才换下来，这段名言成为全家人的励志铭，对一家大大小小人生观影响很大。

父亲只有高小的学历，坚持不懈的自学奠定厚实的文字和诗文功底，他一直在小学中学从事文科类教学，后来选调到县教研室从事小学语文教研，退休之前被县志办聘请参加县志编写，后又被县政协请去编辑《江宁春秋》，那里遇到江宁文化界泰斗窦天语，俩人愉快合作，甘辛共历缔兰谊，并协助创办东山诗社，从此与诗为伴，工作生活遇人遇事诗兴即发、信手拈来。父亲擅长古体诗词，常常在家推敲平仄押韵，偶尔也见他来了兴致，摇头晃脑吟唱诗词，活脱脱的老学究，但多数时候写得多吟得少。我生女儿那时，父亲给起的名字，姓王叫玉珏，后我查字典，“珏”是两块玉拼在一起的意思。老乡小谢说过，她的父亲是我父亲的学生，她父亲曾讲过好几件有关我父亲毛老师的故事，其中有件特别让他记忆犹新，小谢的父亲上学时经常流鼻血，毛老师对他关爱有加，后来问了他的生辰八字，以《易经》的知识帮他分析，认为他命中缺水，火气太旺，建议他名字中加水，于是把他名字中“林”改成“霖”，从此，他的鼻子不再流鼻血，也一辈子记下毛老师的好。这是第一次听说父亲还有这个能力，可见父亲的国学功底还是很深的。

父亲还对中医中药略知一二，小时候我体弱多病，父亲经常从田埂边采来草药为我治疗，记忆中常常拉肚子，父亲用马芝苋煮水给我喝，喝了几顿下来确能止泻；还有小时候皮肤上常常生疖子，红肿化脓，父亲采来车前子，捣碎后敷在疖子上，一两天后红肿真的消退，免了西医的刀针之痛；我的眼睛上常生“麦粒肿”，民间叫作“偷针棵”，每发起来眼睛肿得像桃子似的，父亲不知从哪学来的民间偏方，用丝线扎紧我的无名指，当时虽年幼，也觉得不可思议，简直风马牛不相及啊，但奇怪，眼睛确实消肿了。父亲还练就了针炙的硬功夫，左邻右舍乃至村子里不少人都体验过父亲的针炙技艺，记得村西头有位大婶常常牙疼，半夜让家人来喊父亲去针炙，父亲说，牙疼不是病，疼起来就要命，所以乐此不疲地去为人家服务，往往几针下去牙疼就能缓解或止住，那时我就相信针炙的神奇功效，同时对父亲也佩服得很。

父亲的文艺范更体现在他的吹拉弹唱上，他会乐器懂音乐，他会拉二胡和京胡，也会吹笛子，父亲还会演戏，他的朋友都说父亲年轻时演起戏来眼睛鼻子都能动。后来父亲告诉我他演过《白毛女》中的大春，《红色娘子军》中的洪常青。听妈妈讲过，我出生的那天，九月三十日下午，父亲正在参加国庆演出，是大哥把父亲从演出现场拉回家里。有记忆的是我小学时家里还常常开演唱会，父亲拉胡琴，大哥吹笛子，让我唱歌，唱得最多是《我家的表叔数不清》。渐渐地，这样的氛围就越来越少了，以后家庭会议大多是听父亲讲家事、讲过去的事情。

父亲是多才多艺的，可是命运没有给父亲施展才艺更好的机会和舞台，也可能是读书人的清高泯灭了父亲的个性中的活跃，生活的重压埋没父亲的才艺，家庭的负担压抑父亲骨子里的浪漫。父亲一辈子心甘情愿地做他的小学教员，教书育人，养育着家庭。随着年岁的增长，越来越感觉父亲的沉重与不苟言笑，除了小时候父亲扛我在肩头的记忆，还有父亲抱着我的双脚为我悟暖，除此之外与父亲就没有什么亲密的接触。有时我看着我的女儿与她爸爸勾肩搭背、嬉笑打闹的随意，我心生羡慕，虽然父亲也疼我爱我，但他总把那份爱深深藏在心里。

北京来去

女儿北漂已有一年多了，一直想休假去陪陪她，看看她在北京到底工作生活得怎样，可每次都被女儿婉言拒绝。“9·3”阅兵放假三天，单位要求每天三分之一人上班，本准备三天时间上班休息兼顾，好好调剂工作生活，以缓解前段时间的疲惫。放假前一天下午三点左右，接到政府办叶主任电话，请我去北京代领导参加一个会议。听说去北京，我不问缘由毫不犹豫地答应了，因为那里有我的牵挂！第二天上午匆匆忙忙把三天内计划的工作做了安排，乘中午的高铁赶往北京，途中把消息告诉女儿，原以为女儿和我一样会兴奋会激动，谁知女儿听说后却说：“你现在来干吗，北京那么忙那么乱……”语气显得不耐烦甚至有点焦躁，给我热扑扑的心情泼上一盆冷水。我赶忙说此次去是开会，是公务出差，并解释其他的领导都有事去不了，只有我闲来无事不好推辞，不得已才来的。女儿听后补了一句“这两天我也要加班，没有时间陪你啊。”我又急忙说我是开会的不需要陪之类安慰的话，生怕自己成了女儿的负担。

到了北京，会议方没有车来接，我和另外的同伴只得打出租车，因没经验竟不知在哪儿找出租，于是打电话找女儿，打了三次均无人接听。女儿上午看阅兵式，结束后回家休息。此时已是五点多了，女儿会到哪儿去呢？我如往常一样作种种猜想，渐渐地滋生出神经质般的焦虑，失联时间越久焦虑越重。女儿也知道我这个毛病，平时尽量机不离身，保持畅通状态。一会儿女儿回了电话，语言朦胧，尚未睡醒的样子，问我到哪里？简单地告诉我如何乘坐出租车，匆匆挂了电话。等了半个多小时，坐上的士，我忍不住又打女儿电话，让她赶到会议地点见面，然后一起吃晚饭。女儿说：“太累了，今晚就不去，明天上午去找你。”又说同学在她那儿，她走不开。又说相距太远，打车要半个多钟头。看女儿真的不想来，也就便罢，心中终有点淡淡失落。会议报到后回到酒店房间，女儿来电说和同学打的一道来了，半小时就到，闻之心里又甜丝丝的，就像刚被妈妈打骂的孩子又得到妈妈给的糖果一样。在酒店旁边找到一家餐馆，与女儿及同学还有参会的同伴一起，共进轻松愉快的晚餐，吃完后已九点多，留女儿及同学在酒店同宿，她俩继续聊天，我洗澡后倒头就睡，一直睡到第二天大亮，睡得好沉好踏实，少有的。

第二天我参加会议，女儿去单位加班，晚上女儿主动过来陪我，一起吃了酒店自助餐后回了房间，和女儿没说几句话，女儿又说太累了先睡一会儿，我独自坐在床上，一会看手机一会看电视，都觉得无聊乏味，想把女儿叫醒说说话又不忍心，呆呆地看女儿睡觉的样子，恨不得时光倒回二十年。就这样静静待了三个多小时，女儿一觉醒了，而我的生物钟却进入睡眠状态，困意袭来，想趁机与女儿聊聊，还是力不从心，渐渐地，睡着了。

醒来又是新的一天，为了阅兵仪式，北京天气给足了面子，当天的天空少有的蔚蓝，可第二天就阴下了脸，连绵不断地下起秋雨，天气渐凉。上午我就返回了，女儿这天仍然加班，临走前我对女儿说：“一直想跟你聊聊，也没有机会。”女儿说：“有什么好聊的啊！”

同事之前通过酒店叫了出租车还未到，女儿则用滴滴打车很快叫来的士，麻利地拎起我的行李包下楼，上车前关照我：“注意安全，到了火车站发个信息。”风雨中，我和女儿乘不同的的士向不同的方向前行，我是回家，她去上班。一路上，车水马龙，人来人往，伴此而来的是思绪纷飞。这些年，女儿从南京到北京到上海再到北京，来来往往的旅途中女儿渐渐长大了并逐步走向成熟，随之而来的是我们越来越老了，老得越来越像个孩子。

我们常常牵挂孩子，担心孩子在外是否吃得好穿得暖，担心孩子工作是否顺利会不会太辛苦，担心孩子是否能够有担当会不会受欺负，牵挂中有太多的担忧和不放心。当静下心想想，和孩子一样的年龄时，我们也走向社会，独自担当，甚至已经成家立业养育子女，何况孩子学历比我们高，知识比我们多，比我们更见多识广，他们处事能力比我们强，我们应有足够理由相信他们，无须为他们牵挂担忧。

父母的牵挂似乎是拳拳心悠悠情，实际上对孩子来说是一种负担，孩子独自在外打拼，工作压力之大生活艰辛可想而知，父母向子女发出牵挂的信号，以为是对子女的关心，殊不知非但帮不上实在的忙，子女还要分精力花心思为此而回应，不能为子女助力，切不可成为子女的牵绊。

父母的牵挂实质上是对子女的依恋，就像幼小的孩子孤单无助缺乏安全感因而依恋父母一样。父母年岁渐大，随着孩子从身边离开，精力从工作上转移，情感孤独寂寞，渐渐形成对儿女的依恋，孤独越甚依恋越深。

对子女日渐加深的牵挂也是开始衰老的体现，如何克服老化心理？首先相信子女，他们已经能够独立飞翔，没有父母的牵挂，他们会飞得更高走得更远；其次我们要让自己充实起来，把心思放在自己身上，做好自己，有个好身体好精神，不要成为子女的牵挂，更不能成为孩子的负担。好好学习，培养兴趣，放宽胸怀，提升境界，不要流连儿女情长，不再沉浸家长里短。走出去交更多的朋友，沟通交流，相守为伴，慢慢到老。

敏儿的婚姻

认识敏儿有几年了，那时我刚调到民政局工作，正逢拆迁性离婚高峰之际，为加强调解，控制这种非正常现象不断蔓延，我每天都在婚姻登记中心坐阵。那是一个秋日的午后，敏儿和丈夫一前一后来到我们设在婚姻登记中心门口的材料初审处，从包里掏出身份证和户口本，说要离婚。一看是来自拆迁地区，便警觉起来，我与他俩有意无意拉开话茬。敏儿那天穿了一件浅咖色风衣，一蝴蝶腰带束出她的细腰，一旁的丈夫也不逊色，颀长的身材加上一副金丝边眼镜衬托他的儒雅，看外表他俩挺般配的一对，很有夫妻相。通常来离婚的要么是气鼓鼓的、吵架后堵气来离的，要么是经过马拉松式冷战后已趋于淡漠的；还有一些属于政策性离婚，得另当别论。这对夫妻看上去斯斯文文、知书达理的，俩人看上去也很平静理智，还真以为也是冲着拆迁来离婚的。这时女方主动开口，自报家门，她叫敏，是某镇卫生院，听说后我觉得很亲切，因为我也从过医，而且也喜欢“敏”字，源于孔子的“讷于言而敏于行”，曾一度我嫌父母给我起的名字土气，想要改名为“学敏”，后来有位老者提醒我，名字受之于父母就犹如头发受之于父母一样，是不好随意更改的，于是从此不敢有这样的想法。

于是我叫她敏儿，这一称呼很有亲和力，很快拉近了距离，她深深望了我一眼，此时我才发现，她那白晰的脸庞上已经有不少细细的皱纹，特别是眉宇间已有了“川”字，还有两边嘴角上有条浅浅的括号，在我看来一般是情感失意女子才会有的。我大概问了一些基本情况，她却像竹筒倒豆子，噼里叭啦也不避讳，她说结婚十几年了，俩人也煎熬了十几年，性格实在不合，起初为了孩子一直维持着，现在想想还是要离，这样勉强的婚姻对谁都不利，离确实造成伤害，不离彼此也是折磨。干我们这行的，这样的话听得太多了，见多不怪。于是我转而问做丈夫的是什么职业，他说是在信用社工作。我说一个是医生，一个是银行职员，多让人羡慕的家庭组合，为什么要分开呢？男子听后眼神一扫对方迅即望着别处不屑地说，合不来就离吧，省得整天吵得让人不清闲，谁离开谁都能过。我说：是啊！你俩各自有稳定的职业，谁离开谁都可以，如果没有孩子立马就离，重新寻找幸福。其实说这样的话也是废话，几乎对所有来离婚的当事人我们都会这样说，但还是要说。敏儿接过话说："就是因为小孩啊！"说着眼圈开始红了，继而乌黑的眸子滚出亮光，我抽出面纸递给她，继续说："结婚是你们两个人的事情，离婚却不是了，你们要考虑孩子，不仅考虑孩子的抚养，还要考虑孩子的教育，考虑孩子内心的感受。"男子说："儿子已经上六年级，我们已经与儿子谈过，他同意我们离婚。"我说："哪个孩子也不能接受自己的爸妈离婚，一个家变成两个家，他的同意是在你俩吵吵闹闹压迫下的无奈，而不是出自内心的接受"，男子又说，当他把决定告诉孩子时，儿子表情很淡漠，只说句："你们要离就离吧！"我见调解有起色，就趁热打铁："我不知道你们这次为什么事吵到来离婚的地步，我估计也没大不了的事，如果一方有外心那得另当别论。"俩人见我说到这个，都同时摇头说没有。我接着说："那好，说明你们之间没有原则性问题，都是所有家庭都会遇到的问题，气头上觉得难以忍受，过后冷静去回想都不值得一提，彼此后退一步，没有过不去的火焰山，等气消了才发现海阔天空。如果为了一些柴米油盐、鸡零狗碎的琐事真的把婚离了，你们肯定有后悔的时候，我见得多，这里每天有很多人离婚，也有不少人再来复婚，离后再复也行，但感觉就像炒过的饭，多了一种欲说还休的滋味。”

我的劝说似乎有了效果，冰冻开始融化，我发现他俩眼神瞬间碰撞并仓促分开。我便顺驴下坡，建议他俩先办理离婚预约，回去后分居试行离婚，给彼此冷静思考的机会，一周后再决定是否要办理离婚登记手续，这是我们婚姻登记处刚刚建立的离婚缓冲制度。他俩同意我的建议，暂且不办，一周后再决定。于是敏儿收好身份证户口本，对我说声谢谢，转身离去，男人也接着离去。走了几步敏儿又回头，问我可否把电话号码给她。

没有多久，敏儿就打来电话，要和我聊聊，于是我俩开始了交往，她把我当作姐姐，一来二去，我对敏儿的婚姻有了总体的把握，她要离婚不是没有理由，她的婚姻确实存在问题。敏儿是外地人，毕业后分到本地卫生院，经同事介绍认识现在的丈夫陶，陶的父母都是本地退休人员，上面有两个姐姐，在这个大家庭中，陶一直处于被照顾的情况，久而久之，养成了被动依赖的一种性格，他永远是长不大的男孩，他对自己没有什么要求，对他人也没什么要求。而敏儿与他不一样，敏儿好学上进，成就动机强，她不仅要求自己，也同样要求自己的丈夫和孩子，于是从结婚开始，外表看上去稳定殷实的家庭却争吵不断，大吵三六九，小吵天天有，吵来吵去，都是些鸡毛蒜皮的事情。敏儿说，凭心讲，每次大都是她先挑起事端，她嫌他惰性、不求上进；她觉得他贪玩、经常玩得很晚不归家，特别是难以忍受他那睡懒觉的习惯。她总想把生活安排得丰富些，比如星期天带着孩子去城里游玩，可陶先生总不肯起床，敏儿觉得如此阳光明媚的天气窝在家里太可惜，出去看看花草接触外面世界也好，再说睡懒觉对孩子习惯的养成也有不利影响，可陶公不理会这些，依然我行我素睡他的觉，敏儿自己落个无趣。吵多了，陶公厌烦逃避，要么去父母家、要么去姐姐家，一住就好几天，为此敏儿觉得不可理喻，哪有成家后整天住在父母家或姐姐家的？于是更生气，陶公就更不愿回家，由此形成了恶性循环。时间久了，敏儿觉得累了，也懒得管了，听之任之，随他去吧，好在她长期在外，独立性很强，很快就不指望着他。后来发现，没有他的日子生活依然很精彩。渐渐敏儿也发现，她也越来越不愿意与婆家人相处，每逢节假日大家庭相聚的时候，她都有急切想逃的冲动，她觉得很奇怪，自己娘家在外地，一直把婆家当自己家，而且与婆家人关系处得也不错，可现在为何怕面对他们，她隐隐觉得与这个大家庭的情感在淡漠、距离在拉远。中秋节快到了，敏儿一想到又要和婆家人在一起过节，一种难以言状的烦躁在心中升腾，于是她临时与同事调个班，谎称轮到她值班，并且把儿子也带去了，本来陶公答应陪她值班，左等右等结果没等到。待第二天早上敏儿和儿子回家后，各人都揣着一肚子火，冷战了一段时间。那天每天习惯买菜烧饭的他突然不想烧饭了，躺卧在沙发上看电视，敏儿带着疲惫回到家，见冷锅冷灶和一副冷脸，这些日子积蓄的气愤、委屈、恼火一下子被点着，于是那晚吵得不可开交，就有了第二天去离婚的那一幕。

把脉敏儿的婚姻，我感觉有两个问题，一个就是双方性格不合是事实，两人中敏儿个性相对强些，她独立、主动、积极、上进，同时又有脾气急躁的一面；陶公在夫妻关系中较为弱势，这也是由他的个性决定的，从小生活条件比较优越，又是家中的独子，有父母姐姐的呵护，养成他被动依赖的性格，内向，缺乏积极向上的动力。夫妻之间个性不同没关系，关键是相互之间要调适好，如果协调得好，相互弥补其不足，短处会变为长处；协调不好，犹如向左走、向右走，相互背离，永远没有交汇的时候。婚姻不是要改造对方，而是要适应对方，而敏儿错在总想去改造对方，殊不知江山易改本性难移，所以敏儿总以失败告终。婚姻必须要调适，要想调适好，重要的是夫妻俩人的沟通。敏儿要发挥积极主动的特点，把自己的想法、感受、情感及时传递给丈夫，不能操之过急，而是心平气和，沟通时一定要控制好自己的情绪，不是一味地批评、指责和埋怨，也不需要讲道理，非要分清楚到底谁对谁错。陶公必须对妻子的沟通要有所回应，不能采取一副不理不睬的样子，认真听她说，哪怕是她唠叨也要耐心去听，即使不说话也没关系，用诚恳的态度或者肢体语言表示出来也可。敏儿在处理丈夫睡懒觉这个问题时就是过于急躁，先是一味指责批评，没有效果后干脆放弃，而陶公在妻子批评声中丢失了尊严和自信，他没有采取积极的方法，而是消极地逃避。他俩的第二个问题，没有处理好原生家庭和小家庭的关系，结婚前与父母生活时叫原生家庭，结婚后夫妻加孩子组织小家庭。在这个问题上，陶公责任大些，他没有分清原生家庭和小家庭，结婚后有了自己的家，还经常停留在父母的家。结婚前，父母在哪儿，哪儿就是自己的家；结婚后，老婆孩子在哪儿，哪儿就是自己的家。陶公在和妻子有了矛盾和闹别扭后，会逃到自己父母家甚至是姐姐的家寻求清静安慰，不仅不利于矛盾的化解，反而会越结越深，这是处理夫妻矛盾中的最忌讳的，特别是像敏儿这样的娘家在外地，丈夫因为吵架去了父母家，留给老婆形影相吊的孤独，她会越发有身在外地的凄凉和伤感。在这个问题中，敏儿也有责任，结婚了丈夫的父母也是自己的父母，她应主动融入这个大家庭，把他的父母当作自己的父母，把他的姐姐当作自己的姐姐，这样她才能牢固占有丈夫的感情。婚姻有三层境界：第一层境界，是与爱人的优点结合，也就是仅仅接受对方的优点就结婚了，这时的婚姻是不牢固的，随时都会分崩离析；第二层境界，是与爱人的缺点结合，也是指此时不仅能接受对方的优点，连对方的缺点也能接受了，这时的婚姻是相对牢固的；第三层境界，是与对方的大家庭结合，即是把对方的亲戚朋友当作自己的亲戚朋友，那就真正和对方融为一体，这样的婚姻是牢不可破的，即使遭遇婚外感情诱惑，感情天平也会倒向浓浓亲情的家。

通过这些日子与敏儿的接触与交流，敏儿说收获很大，与丈夫的感情有所改善，在婚姻中逐步得到成长！

真的破了，不可修补

当我把鞋子丢进垃圾桶的一刹那，心中涌起惋惜和不舍，几步一回首，待走出百米之后，我还是掉头走回去，从垃圾桶拿出那双鞋，拍了张，算作最后的留念。

这双鞋跟随我七八年了，是我唯一的黑色高跟单皮鞋，只要着职业装，必穿无疑。其他的鞋都是换换脚而已。刚开始穿也磨破了脚，渐渐磨合后，即使远足穿也很舒适。2009年随省妇联公派去台湾，行程中有国民党副主席的接见，要求我们着正装，当然要穿高跟鞋，因此这鞋伴我走进宝岛跨过海峡。

当初买这鞋时一见钟情，喜欢它的简洁流畅，一块整皮做成，没有拼接，没有钉钉挂挂。后感觉它好打理，穿一周左右上一点鞋油，用旧布一擦，便光亮如新。再后来，越来越觉得这鞋质量很好，几年穿下来，没有丝毫磨损，仅换过一次鞋掌。而后面买的“千百度”“百丽”等名牌鞋，没穿多久，都会出现程度不同的皮质裂开等一些毛病，唯有这双鞋没送过鞋铺维护。在时光的侵蚀、长途的跋涉下，它都毫发未损，我记得它的牌子叫“康奈”。然而就在昨天，陪朋友去看养老工地，因下雨湿了土地，当我一脚踩进泥里，再拔出时，鞋底与鞋帮分了家，裂开了缝。本打算送到鞋店修补，回家老公看后说，无法补了，已烂了，扔掉吧，我替你买新的。虽然扔掉了，却恋恋不舍。也感觉奇怪，七八年下来，一点问题没出，怎么一出问题就无法维修，不可救药?

早上一路走来，心中对这鞋有点愧疚，花了四百元穿了七八年，几乎没有为它花钱维护过，就好像没有及早为妈妈看病，结果错过治疗时机，眼看着妈妈病入膏肓、无药可治。

因此想到健康问题，平时身体出些小毛小病，发个烧，有个炎症，长个什么瘤子赘生物等，都不是坏事，发出来及时治疗消灭掉，至少不会积少成多，量变引起质量，还可以激发身体产生抗体，增强免疫力；另外会警示自己：关注健康！只怕一直以为自己身体很好，从不发烧生病，从未小疼小痒，因此忽视，有天突然倒下，医生也无回天之力。就如我先生的老爸，生前“三好”先生，好酒、好茶、好烟，毫无顾忌，有一天突然发现吞咽困难，一查，食道癌，想手术，可胃已经四分之三切除，肠子多发性穿孔，医生见状束手无策，就像盖房子，没有砖瓦啊！不久前去世的同事也是如此，自认为身体很好，几十年从不体检，突然消瘦，一查已是癌症晚期，随即崩溃。

婚姻亦如鞋，平时出现小洞小破要及时修补，这样修补后很容易恩爱如初。只怕有些婚姻外表看上去很光鲜，夫妻相敬如宾，子女听话，家庭和睦，实际上暗流涌动，破洞百出，终有一天如堤坝倒塌。如一闺蜜，一向自信自己的婚姻，认为与夫君是同学，情深似海，突然有天丈夫从外领回一个儿子，她仍痴情不改，以为认了这个儿子就能收回丈夫的心，结果可想而知，已溃破的堤坝难以修复。婚姻真的破了，是补不了的。而有些夫妻整天吵吵讧讧，小吵天天有，大吵三六九，却吵不散婚姻，小夫妻吵架不用愁，床头吵床尾和。所以吵架也是一种沟通，讲究吵的艺术，切不能说些伤害感情的话，夫妻不记过夜愁，总有一个先妥协讲和，不可冷战，冷战就像身体的癌细胞，呈几何级的分裂，一发不可控制。张国立与蒋雯丽演的《金婚》从结婚开始，吵，一路吵来，直到金婚，虽然是吵，却相伴到老，因为他们掌握吵架的艺术。

妈妈的手

妈妈离开我们已经整整九年了，眼前常常晃动着妈妈那双手，那是一双饱经沧桑的手，那是一双辛苦劳作的手。

都说手是女人第二张脸，可妈妈的手与脸却极不相配。妈妈长着一张好看的小圆脸，就是现在很多女明星拼命整形整出的那种，脸中间撑起高直的鼻梁，既使每天风吹日晒，肤色依旧白皙，还有墨汁一样的乌发，身材是娇小的，即便眼睛小了点，妈妈长相也算不丑的。遗憾的是妈妈那双手是上不了台面拿不出手的。妈妈的手粗糙常常开裂，手掌不小，手指却短而突兀，手背上静脉纠曲蜿蜒，几乎是骨头连着皮，呈现出嶙峋状，指关节宽而突出，像类风湿病症似的，也可能患有类风湿而被忽视了。与此相反，爸爸却有一双修长的手，那明显的一双读书人的手。年少时我嫌弃妈妈的这双手，怎么也想不通娇小玲珑的妈妈怎会有这样粗壮的手，甚至觉得爸爸应该和妈妈互换一下手才好。随着年龄的增大渐渐懂得，妈妈的手是艰辛生活造成的。她抚育了三儿一女，还有五个孙辈，那些年她正是用这双手扶持着正在爬坡的大家庭。

爸爸在外面教书，妈妈带着四个儿女在家务农，她不会像有些妇女那样讨好巴结队长，那些轻松活轮不到她，她只能和男劳力一样干着体力活挣工分，拔秧、插秧、收割、脱粒、攉水，样样农活都干。家里还有几分自留地需要妈妈去操心。

三年自然灾害，家里没有吃的，妈妈用这双手去地里刨山芋、胡萝卜等，那么一点留给家人吃，自己吃些发霉糠充饥，结果得了营养不良性浮肿。

70年代，村里发展柳器编织，家家户户刮柳条，柳条在河塘里沤上一年半载，拿出来剥掉皮，刮完一捆柳条大概挣几毛钱，妈妈带着哥哥们和我夜以继日地刮着，舍不得让手停留歇息，好多换些家里的零花钱。

改革开放后，家家户户盖新房，我们家底差没有钱买砖头，爸爸不知从哪学来的用煤渣砖代替，妈妈领着我们几个在火车道边捡煤渣，一篮又一篮，一筐又一筐，然后用水泥和水搅拌，再用模型倒出一块块煤渣砖，全家人千辛万苦盖起了三间瓦房。是妈妈和全家人用那双手撑起家的希望，得到同村人的赞赏。这三间用煤渣垒起来的房子经过1983年洪水的浸泡不但没有倒塌，反而越发坚固，敦实地立在四周的楼房中间，直到家乡拆迁开发才不得不拆除.我想那是凝聚着全家人的心血和汗水之故。

妈妈用那不灵巧的双手装扮我的童年，不论多忙多累，她总是早早喊我起床，替我梳好长长的辫子，扎上红红的蝴蝶结，她总让我漂亮光鲜地出现在众人面前，然后不断被人称赞。十四岁之前我穿的鞋子都是妈妈手工做的，她用不穿的旧衣一针一线纳成鞋底，用新买的灯芯绒作鞋面，煤油灯下熬几个晚上，一双鞋在妈妈手下做成了。十五岁那年我跟随爸爸去县城上学，看到周围人都穿皮鞋球鞋，就嫌妈妈做的布鞋土气，过年时再不肯穿，爸爸依着我，给我买了双黑色丁字型皮鞋，从此就告别穿布鞋的岁月。到了结婚成家的年龄，心理上又回到了过去，突然又想起穿布鞋的种种好处，可妈妈年岁已高，视力下降，再也不能一针一线地去为我做鞋子。有时去一些古镇，发思古之幽情也会买双手工布鞋，却再也穿不出妈妈布鞋的柔软与舒适，大都弃之一旁。记得妈妈剪鞋样时还会顺便给我剪只蝴蝶，只见她三刀两下不费工夫，一只栩栩如生的蝴蝶就被剪出来了，我还看过妈妈剪过老虎、兔子之类，那是为侄子小时候做老虎鞋用的。后来有了文化才知道那叫“剪纸”，不知道如果给妈妈足够的空间和时间，她会不会也能剪出艺术来。我还穿过妈妈手工做的衣服，当然冬天的棉衣不用说，衬衣也会做，她先在旧报纸上画出式样，不断地修改做成模板，然后才在布料上裁剪，最后用最小号的针线缝合，针脚比缝纫机打出来的还细密平整，想不出妈妈粗壮的手指怎么捏得住那么细小的针？那是需要用多大的心思才行啊！

小时候我常常责怪家里的粽子没有邻居家包得好看结实，糯米老是从缝隙中漏出来，家里蒸的包子没有亲戚家的白软和丰满。因此埋怨妈妈不够能干，手不够灵巧。但渐渐发现，妈妈勤快，样样都去学，都去尝试。所以人家有的我也很快就有，人家能吃上，我家也能吃得上，我的童年比同龄人都幸福。到了我们当家过日子时才觉得妈妈的不易，端午节没有粽子，我不会包也懒得去学，八月节买几块月饼应应时节，哪有心思像妈妈那样做带着浓浓乡愁裹有芝麻的糯米饼？还有春节到了，到饭店吃个团圆餐，何必像妈妈那样年前半月开始忙起，腌咸鱼、炸肉圆、蒸包子……

原来，妈妈如果一直生活富足、养尊处优，她的手也可能修长如葱，只因为妈妈是辛苦的，她的肩上担着重负。在长年累月的耕耘劳作中，指骨越来越粗壮有力，在每时每刻的缝补浆洗中，皮肤在磨砺中不再柔软逐渐开裂起糙。久而久之，妈妈就有了上不了台面拿不出手的那双手！妈妈去世的那天早晨，我看到昏迷十多天的她眼角动了动，我抓住妈那只弱骨嶙嶙的手，还是温暖的，喊了声，“妈，阿知道我是哪个”，没想到妈妈很轻松地答道：“你是小桂。”我很惊喜！几个小时后我陪亲戚在外吃饭，突然接到三哥的电话，他用哽咽的声音说：“妈妈走了……”那短暂的清醒是妈妈去世前的回光返照。

最后见到妈妈的手是在殡仪馆化妆间，长长袖口耷拉着那只苍白“爪型”的手，我摸了摸，是没有温度的……我用红色被面把妈妈从头盖到脚……

没熬到过年，没等到拜年

四姨娘终究还是没等到过年就走了，走向她修行多年才可以去的天国，此时离过年不到十天。

一年到头，四姨娘日复一日苦熬着日子，熬到过年是她最高兴最期盼的时候。从年初一就开始陆续有她侄儿侄女侄孙、姨侄儿姨侄女姨侄孙去拜年，以她九十一岁的高龄成为那一辈的天牌，理所当然成为下一辈们表达孝心的对象。所以每年的正月里，四姨娘都会站在三江口的大堤上迎着凛冽的北风向远处张望，多少年来已站成过年的习惯，站成一道不变的风景，唯一变化的是她日益佝偻的躯体。去年的年初二，她的儿女们为她隆重地举办了九十岁寿宴，大大小小，老老老少少，娘家的婆家的蜂拥而至前去祝贺大寿。她端坐在大堂前接受叩拜，精神还算矍铄，头脑也很清晰，只是身体已弯成“C”型。

其实原本计划周六周日随一个摄影协会外出采风，周五下午突然犹豫，召集人不悦，问其原因，我便找个很是牵强的借口，实际上不知何故就是不想去了，召集人不甘心，执着地说服我前往。就在这时接到三哥的电话，转告我四姨娘走了……此时我找到突然犹豫的原因，可能就是心理预兆，一种类似“说曹操、曹操到”的思维暗示，而召集人则以文学家的思维认定是“亲情纠结”。

周六一早，我和二哥三哥从东山出发，在南京接了大哥驱车前往龙潭三江口。这条路走了多少年，还是搞不清来去，所有可以作为路标的田埂、村庄、房屋、河塘等在家乡日新月异的变化中渐渐消失殆尽，在寻找回家的路中全身涨满了忧伤惆怅……好在有了百度地图，手机一点击，开始为我导航。年幼的时候就开始跟着三个哥哥去拜年，从龙潭到龙梅、新农、三官庙、临江、武家闸等，最后一站就是三江口，这一条路一走就是四十多年，中间有人员的变换，待各自的子女长大成人后，自立门户，又剩下我们兄妹四人走在已找不到乡愁的拜年路上。随着四姨娘的去世，今后不知会不会重复这条路，至少不会每年都来了。

等我们到了大堤埂，迎上来的已不是风烛残年的四姨娘，而是她披麻带孝的儿女们，表哥表姐叩首相迎，泣不成声。触景生情，想起我的已离世十年的父母，顿时悲从心来，泪如泉涌……此时四姨娘已穿上寿衣“三腰五领”，脸上覆盖草纸，已看不到那张慈祥善良、笑容可掬、酷似妈妈的脸……在四姨娘的遗体前，我下跪叩头，在燃烧的火盆里又添了几张草纸，祈祷四姨娘驾鹤上西天享清福；告诉妈妈，她最亲的四姐也来与她做伴了，从此爸妈不孤单。

我很纳闷：之前也没听说四姨娘生病，怎会说走就走了呢？舅舅家的表哥在村里当书记，他是四姨娘的娘家侄儿，说话颇有份量，他说四姨娘从九月份起得了病，手抖，叫帕金森氏综合征，后来就卧床不起，甚至大小便不能料理。我说为什么不送医院治疗呢？他说，在农村这么大岁数就没必要送医院了。四姨娘家的二表哥接着说：“她前几日突然精神有所好转，能下床走动了，还以为有好转呢！昨天老三家蒸馒头，她高高兴兴吃了一个，然后回自己房间，没一会儿工夫，人就没了，当时还喊社区医生来的，医生说没救了。表姐说，她妈老早为自己做好了寿衣，五件上衣三条裤子，还有鞋子头巾，包括含在嘴里的银角子都一一准备妥当。这我能想到，四姨娘是这样的人，任何时候都拾掇得干干净净，既使头发白了掉得差不多了，她也不忘擦几滴梳头油、往身上喷一些花露水。到了另一个世界，她当然会把自己收拾得整整齐齐、清清爽爽，然后和亲人和这个世界作庄严的告别。

如今四姨娘娇小的身体被一床锦缎的寿帐覆盖，只看到一双精致五彩的绣花鞋，那是四姨娘最后送给自己的得意之作。

四姨娘在我家是最受尊敬和爱戴的亲人之一，她也是有故事的人，曾是我笔下的人物，她九岁当了童养媳，年轻时有个脾气暴躁、动不动就动用暴力的丈夫，六十多岁时失去了最孝顺且唯一是国家户口的大儿子。长时间在苦水中浸泡练就她如水一般的性格：宽厚大度，既温和又有韧性，既善良又坚强，不论遇到什么困苦，不论遇到什么艰难险阻，她都微笑面对，举重若轻。她也极善于交际，是人人都喜欢的人。我多次想过，世间所有的苦都让四姨娘吃过，所有的难都让四姨娘受过。已经没有什么能够摧垮四姨娘，她对大病小灾已有极强的抵抗力，她长期信教，对人间善恶、生老病死有了超脱的理解。她有着活呢！然而没想到她在人生的最后，现代富贵病送了她的命，终究没能够活到一百岁，没等到还有十天不到的过年，没等到她最期盼侄子侄女姨侄子姨侄女的拜年。

父母的爱情

父亲和母亲是近亲结婚，那是解放前的1947年。那时父亲22岁，母亲17岁。父亲娶了舅舅家的老巴子女儿，母亲嫁给娘娘家的大儿子，娘娘是家乡对姑妈的称呼。在那个年代，这是一桩再寻常不过的婚姻。亲上加亲，肥水不外流。看过父母亲的结婚照，父亲俊逸儒雅，母亲白皙秀气，不失是一对郎才女貌，门当户对。

父亲是城里人，从小在城南长大，好像是在内桥，现在的南京水游城的位置就是父亲小时候居住的地方。父亲的父亲是开布店做小买卖的，四十多岁时就英年早逝，也没有留下什么家产。父亲过早地挑起家庭的重担，不但要赡养他的母亲，还要供养未成年的弟弟和妹妹。父亲的母亲认为农村生活成本低，提出去乡下生活，于是父亲卖掉城里的房子来到乡下谋生，后来就娶了在乡下长大的母亲。

那时的父亲也只有二十多岁，却要养育一个大家庭，还要供他弟弟妹妹上学。为此父亲四处奔波，历经艰辛，学做过生意，也在资本家家里打过工。在镇江做学徒工时，老板的女儿很赏识父亲，待父亲如亲兄弟，后来父亲拜她为干姐姐，她大父亲近十岁，父亲一直敬重这位干姐姐，始终保持书信联系，每年父亲都要抽出时间去镇江看望她。父亲七十五岁那年，我还陪父亲和母亲去看过她，那是他俩最后一次见面，那时父亲已患上老年痴呆，语言表达有些障碍，但面部表情还是挺丰富的，目光里传递出来是浓浓的关爱。父亲的干姐姐已八十多岁了，背虽已弯了，但思维清晰，语言流畅，眼神清澈，巴巴头梳得一丝不苟。父亲去世火化的那天，突然接到父亲干姐姐的电话，已四五年没联系了，以前都是书信联系，自从父亲生病后就没再通过信，父亲干姐姐怎么想起来打电话呢，这只能用心灵感应才能解释了。得知父亲去世的消息，父亲干姐姐当即泣不成声。

后来父亲在学校谋了个职位，当上了老师，或许这个职位更适合他，从此做得风生水起。父亲之前只读过几年师塾，文化程度不高，但父亲好学，自学成才，很快父亲不但写得一手好字，还能写出好文章，另外吹拉弹唱样样都行，以多才多艺在教育系统站稳了脚跟，先是当上了教导主任，后又当上了小学校长。

“土改”时，家里分了一间半瓦房，那时父亲的弟弟和妹妹都已成家立业，父亲和母亲全部的精力都放在经营自己的小家庭上。父亲在外教书，一星期回来一次。母亲在家务农，带着四个子女每天柴米油盐地过日子。这期间大哥跟着父亲在外面上了几年学，毕业后又回到家里。我是家里的老巴子，父母亲三十多岁才生了我，与大哥相差十八岁，那时爷爷奶奶外婆外公全都去世了。

等到我差不多有点懂事时，父母亲接近老年。那时不懂得什么是婚姻，更不知道近亲结婚的意思。但从亲戚的口里知道父亲母亲是表兄妹，妈妈是奶奶的亲侄女，爸爸是外公的亲外甥，母亲的亲姐姐也是父亲的表姐，父亲的亲弟弟也是母亲的表弟。母亲的姐姐及孩子在我家一住就住好些日子，在我家吃在我家喝，那时候口粮都很紧张，常常吃完上顿没下顿，但这不妨碍她们继续吃住，父亲也毫无怨言。父亲也常常带着我去母亲姐姐家里去，一住也是好几天，父亲和母亲的姐姐及家人相处融洽、谈笑风生，姐姐长姐父短的，就像一家人一样。父亲的弟弟和妹妹都叫母亲为姐姐，从不喊嫂子，就像亲姐姐一样。父亲兄妹三人，母亲姊妹六个。在这个七姨娘八舅母的大家族中，父亲母亲从来没有因为人情礼尚往来弄出点矛盾来，也没有见过父亲母亲为了维护各方亲戚的利益而争吵过。父亲的亲戚也是母亲的亲戚，母亲的亲戚也是父亲的亲戚。父亲因为知书达理，即使他为人谦和，在家族也颇具权威性，说话一言九鼎，不管是母亲家族还是父亲家族，哪家有个矛盾纠纷的，都要请父亲去说理和做主。小时候，我所住的村子叫四队，是第四生产队的简称，从村头到村尾共有一百多户人家，吵嘴打架声不绝于耳，不是这家吵就是那家闹，吵闹大多发生在妯娌之间、姑嫂之间、婆媳之间、夫妻之间、兄弟之间等。和我家同住一个四合院的一户人家，夫妻常常打架，男主人长得丑，一只眼也瞎了，农村称为"独眼龙"，老婆则很俊俏，是外地人，男人可能有些自卑，心中藏着怒火，女主人可能有些委屈，因此夫妻之间战争不断，儿时记忆中男主人常把女主人按在地上使劲地打，看得我们心惊肉跳。而父亲和母亲总是相敬如宾，从不打架，连吵架也没有过。父亲一周才回来一次，母亲总是把家里最好的留给父亲吃。那时候，粮食紧张，晚上一顿通常吃稀饭。而周末父亲回来后，母亲要做两样饭，为父亲单独做干饭，烧些荤菜，其余人吃稀饭。父亲似乎也习惯这样的特殊化，最多让宠爱的女儿享受同样的待遇。父亲星期天或者放假休息在家是不做事的，油瓶倒了也不扶的，常常是拿着一本书吟诗唱词。后来分田到户，自家责任田自家种，也从未见过父亲下过农田干过活。父亲那双纤细的手生来是写文章的，是干不了粗活的，母亲也不舍得让父亲丢下身份去田里干活。但是家里大事是要父亲来主张的。比如定期召开家庭会议，那是由父亲主持召开的，讲讲过去的事情，给每个人提提要求。哥哥到了工作的年龄，为了脱离农田，父亲会到处托人找关系，让哥哥能进社办厂，虽然父亲清高，一般不愿求人，但这样的事不会让母亲去做。1976 年地震，家家搭起了塑料篷，一家人都睡在外面，人人心里恐慌，都希望父亲天天回家陪着我们，才觉得心里踏实，才能缓冲恐惧，父亲虽然在家不做事，他仍然像柱子一样，支撑着这个家庭。父亲退休时可安排一人顶职，母亲觉得女儿最小最娇惯，提出给女儿顶职，父亲虽然也非常宠爱女儿，但他从家族角度考虑认为女儿将来是要出嫁的，顶职的份应该留给儿子，可以让老师这个职业在家族中代代传下去，母亲最后还是顺从父亲。

家务事也好，外面农事也好，都是母亲的事，母亲做得非常吃力，但毫无怨言。后来哥哥们陆续大了，可以给母亲一些帮衬，母亲负担相对轻些。在母亲眼里，父亲就是用来服侍的，父亲是家里的天，至高无上的。母亲再苦再累，怪天怪地但不会怨怪父亲。父亲虽然不做家务农事，但他很会照顾母亲的，母亲哪儿不舒服，他会递上水和药，提醒母亲及时吃药。那年母亲患了重度贫血，父亲带着母亲四处求医，跑遍南京各大医院，不厌其烦，终于找到病源，可以对症下药，母亲也就很快康复了。那年母亲出现吞咽困难，医院检查怀疑是食道癌，父亲也是带着母亲到处检查，并且召集家庭会议，对几个子女说要尽全力为母亲治疗，即使无法治疗，也让母亲吃好玩好，满足她所有愿望，万幸的是最后经专家诊断是"食道炎"，真是虚惊一场。

在我们眼中，父母亲的婚姻稳固如山，坚不可摧。年轻时他们也可能碰到诱惑或者日久生情，特别是父亲风流倜傥，一表人才，多才多艺，但这些都不重要，重要的是父亲从来没有吵吵闹闹过，对家庭对子女始终有一种责任感，没有放弃，为子女成长缔造了温暖和谐的家庭环境。听说父亲年轻时也经常带一些同事回家吃饭，其中不乏漂亮的女同事女教师，但母亲不猜忌，笑脸相迎，热情招待。母亲对父亲是信任和信赖的。但是母亲年纪老了以后反而滋生一丝怀疑嫉妒之心，她常常责怪父亲与某某老太走得近、接触得多，把父亲弄得哭笑不得，大多数时候不予理睬，讲多了父亲也会发火："都这个岁数了还能干什么呢，净瞎猜疑。"

随着时光的流逝，父亲母亲年岁渐渐大了，感情却越发深厚，特别是父亲越来越依恋母亲，也越来越不放心母亲，他总是担忧有一天他会走在母亲的前面，母亲因此生活无着。所以从母亲五十多岁开始，父亲就每月从微薄的工资里抽出一部分存一笔生活费供母亲养老。父亲在六十五那年得了“脑梗”，康复后更加担心母亲的未来，分别给四个子女写了一封信，言辞切切，叮嘱我们要照顾好母亲，唯恐我们会忽略母亲。

父亲一次又一次“脑梗”复发，因此智力也逐渐衰退，七十五岁后生活基本上不能料理，完全靠母亲照顾服侍。母亲不仅照料父亲生活起居，还搀扶着父亲外出康复锻炼。在东沟巷内常常看到风烛残年的父母相互扶持的身影，母亲手里还拿着小凳子，那是防备父亲走不动时给父亲坐的。那时母亲身体也不好，为了父亲，她支撑着，为此父亲心里特别内疚，但他已无法表达。母亲终于病倒了，心功能衰竭，那纯粹是过度劳累所致。母亲住院期间，她不放心父亲，父亲也不放心她。有一天，母亲得知父亲一人在家时，催促我们赶快回家，说不然的话父亲会来医院看她的，我们都说不可能，父亲已多年不行走，不可能来的。母亲说她有预感，父亲会来的。我依了母亲，准备回家，刚到门口，看到父亲正吃力地从马自达车上下来，吓了我一跳，怎么也想不通，多年不能行走的父亲如何从家里出来，又怎么叫到马自达车的。因为父亲已不能言语，因此这成为终生的迷。唯一的解释，这是牵挂的力量！

父亲患老年痴呆后期，大小便都不能料理，饭也要人喂的，虽然他不能说话，但在心里时刻捍卫着母亲，我们有时嫌母亲唠叨，会冲着母亲发火，父亲会瞪着眼睛，愤怒得满脸通红，吓得我们不再轻易对母亲发火。那次母亲“心衰”再次发作住院，父亲心里依然清楚，可此时他再也无法去医院看望母亲，就在母亲住院的第三个夜晚，父亲发作“脑溢血”，大血管破裂，就再也没有醒来。奇怪的是前面几次父亲都是“脑梗”，这次却是“脑出血”，想来是父亲为母亲生病焦急所致，也可能他想要走在母亲的前面。

母亲一生付出太多，对家庭的付出，对子孙的付出，特别是父亲生病后对他全方位的照料让身体本就羸弱的母亲心力交瘁，疲于奔命。父亲去世后，全家人全力以付照顾母亲，希望能治好她的病，让她享享福，安度晚年。但父亲的去世对母亲打击太大，像一栋房子，没有柱子的支撑，很快就倒塌了，三个多月后，母亲也溘然长逝。父亲母亲这一对表兄妹在做了六十多年夫妻后相继长眠地下，不求同年生，但愿同年走，来世仍然做夫妻。

父亲母亲是近亲婚姻，幸运的是子孙中没有一个智力异常的，既没有超常智力，也没有智力低下的，都是平常人普通人，如果非要说增加遗传概率的，那便是父母的近视影响了下一代，我们兄妹四人有两人近视。

近亲结婚在过去是见多不怪的，旧时婚姻没有自由恋爱，父母之命，媒妁之言，女子又足不出户，没有机会结识更多的人，而且是靠马跑的通信时代，近亲结婚就不足为怪了。大诗人陆游也是近亲结婚，娶了表妹唐婉，后因为俩人感情太好而整天厮守在一起，陆游的母亲怕影响儿子的前程，硬生生拆散了这对恩爱夫妻，虽让儿子痛苦一辈子，却给文学史上留下千古名句。

近亲婚姻因为有亲情的基础，有血缘的纽带，亲上加亲，而且婚姻双方知根知底，对方的品性和生活习惯相互有一定的了解，所以婚后较容易融合。DNA 力量是强大的，对内有聚合作用，对外有排斥作用。近亲婚姻的双方中有较高的 DNA 相似度，决定了婚姻的黏合度也很高，因此婚姻的稳固性也比较强。小时候的邻居也是一对近亲婚姻，同样也是舅舅家的女儿嫁给姑姑家的儿子，他们是八十年代初期结婚的，丈夫整天当甩手先生，不问家事。妻子忙里忙外，毫无怨言，而且她在外面常常恶语相向，能干泼辣，在家却温柔如水，对丈夫对公婆对孩子都是如此。老婆婆也是个刁钻、喜欢拨弄是非的人，但是对这个侄女也是儿媳妇却很疼爱，所以婆媳关系处得不错。这个大家庭每个成员在外的名声都不很好，在内却营造一个和睦的家庭环境。做了十多年的邻居，从未听到他家的吵闹声，这是不容易的。

当然科学证明近亲结婚是有害的，人类的核基因组一半来自父亲，一半来自母亲，在近亲通婚的情况下，两个相同有问题的基因结合到一起的机会远远大于非近亲通婚的人。因为近亲婚配的夫妇有可能从他们共同的祖先中获得相同的基因，并将之传给其子女。因此近亲婚配增加隐性遗传病的发病机会。1950 年颁布的婚姻法禁止直系血亲、同胞兄弟姊妹、同父异母或同母异父兄弟姊妹结婚，1980 婚姻法在此基础上又明确规定禁止三代以内的旁系血亲结婚。我那邻居是在 80 年代初结婚的，当时结婚是违反法律规定的，应该说登记机关审查不严，但在实际操作中如果当事人有意隐瞒近亲事实，登记机关也确实无能为力。即使又过去三十多年，现今婚姻登记机关也无法把控，禁止直系血亲和三代以内旁系血亲结婚登记仍然需要本人声明和承诺。

科学的结论不容置疑，加上法律的禁止，所以对直系血亲及三代以内旁系血亲的婚姻已谈虎色变，禁止近亲结婚已深入人心，不仅仅是宥于法律的不许可，更是视为道德和伦理的违逆，可以说经过几十年的婚姻运动，近亲婚姻这一暗疾已销声匿迹。

我以父母亲之名讲了近亲结婚之事，也举邻居之例，他们虽是近亲结婚，但夫妻之间恩爱和睦、婚姻稳固。这不代表我推崇近亲婚姻，那我真是敢冒天下之大不韪，公然与法律对抗。只是想通过研究从中摸索一些规律性的东西，旧的东西不全是糟粕，或许也有精华，不能连同洗澡水把婴儿一起倒掉。婚姻在自由恋爱的基础上还是要尽可能考虑双方家庭在经济条件、价值取向、文化水平上的大致相当，这样的话，双方在价值观点、生活习惯等方面相似度高，在婚后就能更容易相互地融入。另外我觉得现代人在经营婚姻时更要注意亲情的培养，把配偶当作自己的亲人看待，像对待父母对待兄弟姐妹那样，既要爱戴，又要有尊敬，又要有些距离，像对待亲情那样对待婚姻，对配偶的亲戚家人和自己的亲戚家人要一视同仁。这可能有利于婚姻的稳固，有利于家庭的和睦。山盟海誓的爱情是短暂的，据研究发现，爱情保鲜期只有六个月，只有将异性相吸的爱情在柴米油盐的婚姻生活中升华为亲情，双方之间能包容，相互捍卫，婚姻就能长久和稳固。许多夫妻之间虽然吵得不息，但就是分不开，因为彼此之间在漫长的生活中生成一条割不断的亲情纽带，相视为亲人，婚姻生活的琐碎就不会激化为对立的矛盾，都能在调控范围内的，所以床头吵架床尾和。我相信那句话：婚姻走到最后还是亲情。

婚姻的果断

又到一年一度三八节，不忘我的老本行，还想说说女人的事，单说女人婚姻那些事。婚姻对女人相比男人更为重要，更多的时候，男人视婚姻为历史的使命，完成传宗接代的责任而已，只注重结果，不太注意婚姻过程中的质量。所以婚前男人表现出对婚姻的渴望，积极主动，一旦进入婚姻，似乎万事大吉，任其所以。而女人则不同，女人永远喜爱恋爱中像公主一样被宠的感觉，所以迟迟不答应结婚，但一旦进入婚姻后，婚姻则是她们的全部。她们把婚姻当作调色板，希望双方都是画师，共同绘出最美最绚的图画，对婚姻充满了期待，也铺设了种种打算和想法。当婚姻不是当初所愿，不是想象中那么美好，特别是感觉对方不是那么配合时，于是纠结、困惑、埋怨、悔恨等应运而生，大有一发不可收拾之势。面对此状，有的女人任其自然，无能为力；而有些女人在婚姻中则有进有退，收放自如，经营有方，在婚姻中永远能把握主动权，表现出在婚姻中的从容和果断。我以下面三个女性为例。

倩是我以前的一个小同事，是个积极上进、方方面面都很优秀的女性，从学校毕业后考到基层单位工作，踏踏实实，一步一步走到领导岗位。蓦然回首，同龄人一个个成家立业，携儿带女，而她孑然一身，形影相吊，那时才对婚姻有了向往，开始频频接受别人的介绍和相亲。可多数时候是携带希望而去，却满载失望而归。直到有天终于有个条件相当、比较顺眼的男士让她相亲的步伐得以停留下来，谈了一年下来，不痛不痒，没有什么感觉，如鸡肋食之无味，弃之可惜。无奈岁数不饶人，眼见就到而立之年，父母催、本人急，双方匆匆领了结婚证给自己给家人一个交待，半年之后开始筹备婚礼准备正式昭告亲友。于是婚期定了，婚宴订了，请柬发了，一切都在紧锣密鼓进行中。突然双方为一件小事争吵不休，爆发了不小的战争。经过短暂的思考决择，我的这位小同事真勇敢！决定换证、退婚、取消婚宴、收回请柬，一切义无反顾，毅然决然！我们都为倩捏了一把汗，毕竟不再年轻了。倩也郁闷心凉了半年，突然时来运转，迎来了人生的春天，经人介绍认识了各方面条件更好、更优秀、让她心仪的白马王子，经过又是半年的相处，我和我的同事一起见证她幸福激动的时刻。我们打心里相信：倩找到了真爱！也从心里佩服倩在婚姻中的果断和勇敢！

想起我曾在婚姻咨询中遇到的一个女当事人英，谈起她婚姻的苦恼和困惑：英的丈夫是同学介绍认识的，他仪表堂堂，举止很有修养，而且侃侃而谈，有不错的学识，初次印象很好。后来交往中他又表现得很君子，于是英就认定了他，确定了恋爱关系。接触久了，英越来越发现，他不是开始时的那么美好，有许多不良习性让英无法忍受。比如脾气倔强让人不可理喻，和英稍有不和，在众人面前会撒手而去，让人下不了台，缺乏男人应有的宽容和大度；还有惰性十足，事业上没有进取心，生活上没有要求，嗜爱懒觉，而且对婚姻也不积极，等等暴露出来的一些个性特点与英初次结识的他大相径庭。于是争吵不断，吵吵又好好。英开始犹豫不决，既觉得不能忍受他的坏脾气以及不良习惯，又觉得他各方面条件不错，处于弃之可惜，得之不喜，举棋不定的状态。此时父母一句话“他还是蛮老实的人”让英结束徘徊局面，仓促走入婚姻。婚后英才发现，婚前发现丈夫身上的一些毛病更加暴露无疑，变本加厉，简直无法容忍，英考虑过结束婚姻，又是善良的父母劝告让英举步而止，父母劝她生个孩子后就会让他有家庭责任感，一切就会好起来。英听了爸妈的话，生下孩子。以后婚姻的路上，同样善良的英为了孩子，忍辱负重，举步维艰，维持这段婚姻，为给孩子一个健全的家庭。英的情感由空虚到麻木，随着孩子渐渐大了，觉得孤独感越加弥深。听了英的哭诉，我感觉到英对婚姻的掌控力较弱，缺乏果断。婚前在发现丈夫弱点后就应该选择分手，可英选择凑合，结果拿婚姻下赌注；婚后没有孩子时，那时为婚姻而痛苦不堪时也可以退出婚姻，重找幸福为时不晚，可由于个性的善良简单再次选择忍受；有了孩子后，一切不由自主，再说离就难。所以这么多年一直维持着不幸福的婚姻。不过我劝英还是要乐观面对未来，婚姻走下近二十年，双方已经在无数次忍受中慢慢磨合。年轻时讲感情，年纪大了，双方就是一种陪伴，搭伙过日子而已。在今后婚姻中，英会逐渐适应这种状态，并会渐渐在婚姻中找到舒适和幸福的。

昨天读了写潘石屹夫人张欣写的《婚姻合伙人》一文，非常好的一篇文章，对指导女人的婚姻很有价值。我从这篇文章中读出张欣在婚姻中的果断！她认为，任何选择都是有利有弊，女人尤其要想清楚，什么样的选择能将自己的利益最大化，将弊端最小化，想明白了就别犹豫，该放弃就放弃，该出手时就出手。婚姻的智慧就是一种权衡的智慧。当初张欣放弃香港维多利亚海湾对面的房子和公司给出的百万高薪，与潘石屹相识四天就闪婚，一个是离过两次婚的“土鳖”，一个是来自华尔街精英层的“海龟”，看起来极不靠谱的婚姻。不是张欣头脑冲动，一时发热，而是她经过权衡利弊后果断的决策，她欣赏他骨头里的自信，她喜欢他天生的真诚和朴实，她觉得他有独特的思想、具备成功的品质，认定他是个潜力股后就容不得再犹豫，于是在众人反对声中她义无反顾与他结合。婚姻中和普通夫妻一样，她俩也经历过争争吵吵，经历着重重危机，特别是当强者遇到强者。而且婚姻中出现了“第三者”，此时又面临婚姻的选择，是选择离婚还是继续？如果离了，她俩也经过这么多年的磨合，即使再找一个情投意合的，仍然需要重新磨合的问题，结果她选择不离婚，继续在一起，而且还要一个孩子，这样更有利于婚姻的挽救。于是她放弃工作，回家生子，把所有的精力放在家庭上。但是当家庭主妇不是她的目的，当孩子稍大后她再次投入工作，这时她吸取前期的经验教训，把事业与家庭分开。工作中从台前退到幕后，发挥己长，分工负责；生活中不逞强，该进则进，该退则退。这样下来，婚姻被她经营得风生水起，如鱼得水。正如她说“我的人生很完美，不仅有一个幸福的家庭，还有一片属于自己的可以自由起舞的天地。”这样完美的人生，取决于她的理性思考和面对婚姻时的果断！

艳红的春节

艳红今年22岁，老家在安徽亳州，初中毕业后上了一学期高中就随父母来南京打工，先是做流水线作业的工人。因不喜欢那个工种的枯燥和约束，于是学了美容手艺，现在美容院工作，还算体面，也蛮自由，而且多劳多得，她渐渐地喜欢上了这份工作。平时她做事比较实在，业绩做得不错，收入自然也不少。去年春节前，艳红突然有了烦恼，还在腊月头爸爸妈妈就催她回家去相亲，原因是弟弟已有了女朋友，面临着要结婚，按照当地的风俗，弟弟不能在姐姐前面结婚。父母只得催促女儿尽快找个人家嫁掉。艳红的父母在南京江宁打工已有多年，虽然也喜城市的繁华，但他们仍然不希望女儿在江宁或者其他外地找个对象。他们的理由是；叶落归根，将来老了他们还得回归故乡，女儿只有在老家找对象成家今后才能留在身边照顾他们；另外还有一个原因更坚定他们的想法，他们的大女儿也就是艳红的姐姐当初也随他们来江宁打工，当时每月能拿到七八千元钱，后来自己作主嫁了个徐州老公。婚前男孩子温柔体贴，让女孩一意孤行远离家乡，结婚生了孩子后小夫妻双双回徐州，女儿照顾孩子，女婿则不愿上班，整天抽烟喝酒、游手好闲，而且也不像婚前那样体贴了，孩子自生下来后又一直生病。大女儿的日子过得不好，这让做父母有了揪心的痛。因此父母绝不让大女儿的悲剧在小女儿身上重演。

好在艳红相比她姐姐性格较为温顺听话，她就听从爸妈的话，尽量不在外面谈恋爱。目前美容院的一个发型师对她很好，在各方面照顾她，两人相处蛮好，但有父母的叮嘱，艳红始终没有超越朋友的界线。去年春节，在父母的督促下，她在家乡相中了一个，小伙子一米八个头，家里条件也不错，在上海卖鞋子，方方面面还让艳红中意。后来艳红剪了短发并染了色，这让男孩非常反感，男孩说只喜欢她的长发。艳红说你到底是喜欢我的人还是我的长发，认为他不应该干涉太多，为此两人闹了别扭，也分了手。去年腊月十八，艳红的爸妈及弟弟一家四口开车回老家过年，第二天一早，七大姑八大姨就纷纷登门为艳红做媒，开始还有点兴趣，后面有点烦了，而且眼睛都挑花了，各方面条件大都不差，难以取舍，没有特别让她中意的。打算放放再说，就这样不到二十天的时间，艳红总共相亲二十多个。看女儿相了那么多也没个说法，她的父母着急了，逼着她定下一个，好让他们吃个定心丸。艳红在外打工几年，感受外面世界的精彩，也有了自己的想法，总不希望被父母牵着走，也知道婚姻关系自己一辈子的幸福。于是她据理力争，软磨硬泡对抗父母。大年初一，红艳母亲生病了就是不肯去医院看病，她大字不识，只能以此方式给艳红施加压力，逼她定下亲事。艳红说，一个是孝心，一个是婚姻的自由，好比鱼和熊掌不可兼得。权衡后她选择孝心，在二十多个相亲对象中挑选一个，于是选了一个那天同学婚礼上遇到的伴郎，她是伴娘，后来同学有意促成她俩。她的这位同学也是腊月二十一相亲、二十八就结婚了，根本没有恋爱阶段。同学的婚姻经历也给了她顺从父母的加权分。所以来上班的前一天，她与男孩定了亲，这个男孩在上海做门窗生意，个头一米七五，家有五个姐姐，各方面条件说得过去。初六那天，男孩带了一万一千元，意即万里挑一，另外给了二千元压箱钱就这样定了亲，第二天艳红带着满心的委屈匆匆逃离了故乡。

美容院的那位发型师知道艳红春节回到老家定了亲，还毅然决然地对她好。

正月十八那天，艳红接了电话，突然哭哭啼啼地走了。原来她弟弟开着送货的机动车撞了人，是个七十多岁拾破烂的老头。好在她弟弟及时报警，还在现场给老人做人工呼吸，并随着救护车将老人送到医院；然而老人的七个子女却表现出异常的善良和宽容，既提出不要进行抢救，而且不强词追责，结果双方以赔偿30万元达成协议。保险赔付了11万，艳红父母又拿出多年打工的积蓄，一家人在破财消灾中求得安慰，而失去老人的子女在拿着意外的赔偿金后不知是否有些心痛？

这个春节，艳红有点沉重。

三个小女人幸福生活

美好的人间四月天，分别多年的几个同学说是要小范围聚聚。中午在中山南路一家海鲜酒楼小聚，听说有十多位同学，召集者是兰。上午散会后已近十二点，走出会场，在路边拦了辆的士，匆匆忙忙赶到聚会地，几位同学已在楼下热切地等待。我一个个打量，这几个同学毕业之后或多或少都有过接触，故能一个个叫出了她们的名字。我们几个相互簇拥着上了楼进了包间，对里面的同学却是一脸的茫然，真可谓是有缘对面不相识。自毕业后一直未能见面，三十多年的岁月风霜是一把无情的刀，硬是把一个个如花似玉的少女和英俊少年雕刻成满身沧桑的大妈老汉。待各自报出名字后，恍然大悟，原来都是耳熟能详的旧友同学，再仔细瞧瞧，还能找到年少时的模样。我对自己近年表现出来的激情感到吃惊，以前我不喜欢这过于变味的同学聚会，觉得硬是把纯粹的同学之情演变成酒肉之欢，当然这不是同学的错，是世俗惹得祸。这些年我也渐渐变“俗”了，越来越热衷于这样的聚会，适应了酒桌上的觥筹交错，习惯了聚会中安静地做个倾听者。连我自己也没想到居然利用中午时间打的赶赴几十里之外的一场宴会，我感觉自己有了颠覆性的变化。思来想去，可能是老了，内心产生对群聚的渴望和向往。

晚上躺在床上，回想中午一个多小时短暂的相聚，感到不过瘾。无邪的同学之情撩拨着原本驿动的心，正好第二天是休息日，也不顾是夜晚，我拨起同学的电话，邀了几个最要好的同学，曾经我们如同姐妹，我想请她们去乡下走走，继续聊聊友情的故事，几个同学应允接受邀请。

此时江宁的乡村正是春光催新绿，鲜花竞芬芳。天气出奇得好，沐浴明媚的阳光，我和春、兰、凤漫步于乡间田野，感觉有说不完的话，聊不完的情。但说来说去，话题还是离不了丈夫、儿女和家庭。

春是几位中结婚较早的，高中时成绩也挺好的，但高考失利，她没有选择复读，而是找了个社办厂工作，我记得是专门生产胶囊的厂。没两年，她写信告诉我要结婚了。我们感到惊讶，没听说恋爱，怎么就结婚呢？她说家里亲戚给他介绍个郊区男，各方面条件也不错，人也蛮好，就打算结婚了。她还说她的这位亲戚在公安局工作，有内部消息：那个地区很快就要被一个国营企业征收土地，结婚后就可以把户口迁去，然后就可以农转非了。同学说，这是她脱离农村的一个途径。这么一说，我们哑然。毕竟人各有志，几人中就她是农村户口。私下里为她叫屈，她长得很美，天生丽质，举手投足不俗，而且特别温柔，嗲嗲的，不经意间会翘个兰花指，深受周围男女同学喜欢。我们几个同学也婉转劝过她，千万不要为了户口轻易把自己嫁了，爱情唯上。但春似乎很坚决，不久就接到她结婚的喜帖。我们几个都参加她的婚礼，婚后也专程看望过她一次，对她的那一位、她的婚姻、她的家庭生活所有的记忆都随着时光流逝了。时隔三十年这次再见面，发现她依然美丽，甚至更多了几分风姿和妩媚，除了笑起来可见丝丝鱼尾纹外，皮肤仍然白皙和细腻。相由心生，不用她开口，至少可推断这些年她日子过得很滋润。她还是那么柔柔地、嗲嗲地讲起她的婚姻和家庭，娓娓道来，言辞之间溢满了幸福。她俩结婚不久因土地征收夫妻双双进入同一个单位，达到了预期的目的，伴随着一种满足感，开始了婚姻之旅。她说她虽然是带着目的去结婚，婚后相处中还是渐渐感觉丈夫的种种好，她认为大她五岁的丈夫就是比她理智而成熟，遇事总像大哥哥一样帮她分析和引导，俩人工作上相互帮衬，生活上包容，没有什么大的矛盾和冲突。她还说我在见到她丈夫第一眼时曾经对她说过比预想的好，实际上他确实不错。虽然我早已忘记我曾经说过的话，但让春至今记得，至少说明她也曾经对这种目的明确的婚姻有一个从心存芥蒂到满意释怀的过程。让春满意的不仅有贴心的丈夫，还有漂亮美丽的公务员女儿，大眼睛高挑个儿，真正是她夫妻俩最佳基因组合，女儿还听话孝顺，按她的要求找了称心如意的女婿。春同学说她真的没什么好烦的，对现状很满意，心情也很好！

兰同学她从小跟奶奶在湖北长大，上高中时才转到父母身边来，记得那时她常常跟我们说，她对爸妈没多少感情，甚至都不习惯叫爸爸妈妈。但我们非常喜欢她那样洒脱率真的个性，她还是特仗义的女汉子，为朋友可以两面插刀。六七年前我俩曾见过面，那时她刚从省级机关辞职，当她得知我在政府供职时，遗憾地直拍大腿，说为什么没有早几年联系到她，否则一定能在升职上助我一臂之力。她的父母是知识分子，而兰本人只有高中学历，待到恋爱年龄，她心仪着高学历的爱人，最终如她所愿，她的丈夫是一名本科生。婚后她凭自身的关系将在企业工作的丈夫调到大学当老师，她丈夫本身搞艺术的，到了校园的土壤便如鱼得水，成了一名教授级画家。为了支持丈夫的事业，她曾卖掉市区两套房子，供丈夫外出举办画展，提高知名度，现在她的丈夫在业界小有名气，作品价值不断涨升。为了儿子的教育她同样牺牲自我，儿子上小学后，她就从令人羡慕的大机关退出，专心地做全职太太，毅然决然，送孩子上学，为孩子烧煮，无怨无悔。结果儿子不负她所望，保送到上海交大读研，是标准的帅哥，不仅颜值高，而且接受了良好的素质教育，全面发展，大学期间就创业办企业，是兰同学的骄傲。到了儿子放飞的年龄，现在她成了画家丈夫的经纪人，为丈夫掌管着章印大权。本来她在省级机关谋个处级甚至更高级别的干部是有望的，她却选择放弃了自己的前程，相夫教子。从学生时代的女汉子蜕变成为今天贤妻良母，这个跨度有点大，兰却做得那么自然、纯粹、那么成功，真出乎意料之外。侠骨不乏柔情啊！

凤同学从小骨子里藏有浪漫，她家里经济条件好，是家里的老小，深受爸妈的宠爱。学生时代她长相不算秀气，青春痘总是在她脸上疯狂，但她性格活泼随和，班上男生女生都和她相处很好，非常有亲和力。她的身材一般，但特柔软，那年学校里搞文艺汇演，她和班上几个女生编排了一曲舞蹈《月光下的凤尾竹》获得了一等奖，她是其中跳得最好，玲珑的舞姿和着轻柔的音乐让人销魂。三十多年过去了，我对那段舞记忆犹新，甚至觉得凤真是跳舞的料，这辈子不去跳舞有负她的天赋。毕业多年与她偶尔也有碰面，但没有深层次交往，她有个亲戚和我在一个系统，所以常常有她的消息，知道她酒量特大，而且还肯喝，但一直没机会见识。前不久几个同学相聚，在白酒和红酒之间她选择白酒，和男同学一杯杯地喝，最后喝跑了男同学。同学中几位是公安系统的，凤说早知道有同学在公安掌舵，前些年也用不着拐弯抹角地去到处找关系。她说她的老公脾气暴躁，经常和人打架，也常常被铐进去。每到此时，凤都要到处托人找关系把丈夫保释出来，凤说最奇葩的一次，是她和儿子一起去派出所去保释她老公，民警不解地说，人家都是老子来保释儿子，你家倒好，居然是儿子来保释老子。说到此事，凤是一脸的轻松。倒是我和同学们满是困惑：凤竟能与这样的人同床共枕生活一辈子？我出于职业习惯，试探地问："他会打你吗"，凤说："不会，从来没有。"后来从春和兰口中得到证实，凤的丈夫就是"道"上的人，经常打架斗殴，但他在凤的面前却温顺得很，像个小绵羊。她们还说凤年轻时就要找帅哥，后果遂了心愿，她现在的老公很帅，长得特像演员"陈建斌"。如今夫妻俩在一个民企工作，收入颇丰，凤是我们同学中较早做奶奶的，孙女已经五岁。那天看到她在朋友圈晒和老公结婚纪念日的照片，眉宇间透出的是满满的幸福。三十多年过去了，凤基本上保持着少女时代的气质和个性，时尚而浪漫，每天开着大红色拉风的跑车。

三个小女人，不同的个性不同的追求规划出不同的人生轨迹，殊途同归，都收获属于自己的幸福。她们幸福的奥妙在哪里呢？

首先她们对婚姻的目的很明确，春对待婚姻就是很现实，听从父母的安排，找一个城郊的人结婚，把户口迁过去，然后农转非，顺理成章地过上了城里人的生活；兰自己没有大上学，她就是要找个有大学学历的老公，绝不迁就；凤就是要找个帅哥做丈夫，只要养眼就行。她们三个都坚定自己的目标不动摇，要找就找自己想要的，为伊消得人憔悴，衣带渐宽终不悔，最终她们都如愿以偿，觅到如意郎君。

其次她们在婚姻中有着小女人的心态。其实春上学时就是个心比天高的女孩，她在通过婚姻这个跳板改变自己的身份后，却没有更多的欲望，心无旁骛；一心一意经营自己小家庭，比上不足，比下有余，始终看到丈夫的长处和优点，尊重和爱戴比自己大五岁的丈夫，在踏踏实实过日子中培养夫妻的感情。而生性洒脱豪爽的兰进入婚姻后收敛起女汉子气，全身心投入家庭，围着丈夫孩子转，甘愿做个小女人，相夫教子，无怨无悔，妻以夫荣，她在老公和儿子的成功中收获幸福。

三是婚姻中选择坚守。三个小女人如今的幸福生活也不能轻易用“命好”来概括，她们的婚姻当中肯定也经历过风雨，但是她们选择了坚守不放弃，选择付出和奉献，功夫不负用心人，最终都迎来一抹幸福的彩虹。凤面对帅哥丈夫虽然养眼，但他经常寻衅滋事，做妻子不可能不心生怨恨，但凤始终微笑面对，不气馁，并且以极大的耐心拯救丈夫，陪着丈夫渡过一个个难关。即使是铁打的心也会动情，她如此执着的坚守怎能不赢来丈夫最深沉的爱呢！兰为了丈夫事业的发展竟然卖掉两套房子，这不是所有的女人都能做到的，这不仅是爱、是勇气，更是对爱人的一种绝对信任。此外，为了孩子她辞去公职，这也需要勇气啊，毕竟辞去的不是临时工，而是有很好前程的大机关工作，她为婚姻和家庭的牺牲最终得到回报。

幸福是最好的美容剂。三个女同学都年过半百，其中两个有了第三代，按理说称得上老女人，但是她们三人由内而外展现出来的神态、表情、气质，还有衣着打扮，是那样的宁静平和，实实在在像个小女人。小女人性格随和，要求不高，容易满足，不逞强，懂得包容别人，所以幸福的获得感比较强。

四月的乡村油菜花开一片金黄，同时麦苗正在茁壮，黄绿相间，生机盎然。身居城市已久的女同学心情得以放飞，她们深呼吸乡野的清新，兴奋地采摘田间的野菜，流连忘返，正午的阳光留下她们短短的身影，乡间小道洒下她们欢快的笑语声。

孩子不想学习，怎么办？

昨天中午去做美容，为我服务的是一位高挑的女孩，足有一米七多，当摘掉口罩时露出一张纯真的脸，出于母性，我问她：“今年多大岁数？”她说：“21岁”，我说“这么小就出来打工啦”，没想到，这么随便的一句话引出她的话题，她说：“高中勉强毕业，不想上学了，就出来打工”，她接着说：“其实初中时成绩还挺好的，有一次因为没考好，被爹妈骂了，那时正处于青春叛逆期，越是讲我，我越是不想学，从此成绩就逐渐下降，就开始厌学，”最后她来了个总结：“所以，当成绩没考好时，做父母的千万不要骂孩子，越骂越挫伤孩子学习的积极性”。听后我心中一震，于是与她探讨：“当孩子不想学时，当爸爸妈妈的到底是讲好还是不讲好呢？如果当时你爸妈不管，是不是你成绩就好呢？”她唉了一声，说“但是不管也不行啊。”

与女孩的一番交流，我感觉她对自己没好好上学有了悔意，出于心理防卫，当进行归因时，她把原因推给父母，这样至少可以减轻内心的愧疚。

于是我联想到女儿压抑很久的一句话，直到她研究生毕业走向工作岗位时才得以发泄，她对我说：“将来我有孩子，不会让你带的，你的那种管教方法会毁了孩子”，我反驳道：“没有我的管教，能有你的今天？”女儿抬高声音说：“没有你的管教，我会比现在更好。”听了这句话，像一盆凉水从头浇到脚，好像自己苦心营造的大厦顷刻之间倒塌一样，我一直为之沾沾自喜的家庭教育在女儿心中却是完全不一样的结果。这些日子我一直在深思：孩子到底要不要管，需要不需要给孩子一些压力？如果真的让孩子自由成长，真的能够成才吗？也一直很纠结。恰好有了昨天与美容师的一番对话，似乎让我更有一些触动。

当初我执意从乡镇调回机关工作，放弃事业上的追求，更多是为孩子着想，希望有更多时间关心孩子的教育问题，曾经有位领导与我谈心时说过："你放弃自己太可惜了，调到机关工作机会就少了，难道调回去你孩子成绩就会好了，你不回去成绩就差啦？就不能上大学？这没有逻辑关系！"但在当时我根本听不进去，一心就想回机关，觉得这样才有精力管孩子的学习。于是我固执地调回来，我的事业从此戛然而止，孩子也按部就班地上中学、大学、读研究生，我曾一度认为自己放弃得值得，但没想到女儿会冒出这样一番话。再回想那位领导说的话，让我对一直以来引以为豪、自以为是的家庭教育产生了怀疑。

女儿很小时就爱学习，二三岁整天缠着我跟她讲故事，只恨自己才疏学浅，于是买了许多童话故事书，每晚在床上念给她听，熟能生巧，后来只要有人说个故事的题目，女儿就能从头背到尾。小时候的女儿是聪明好学的，因此对她寄予厚望，后来上学后成绩较好但不冒尖，我总觉得还有潜力可挖，因此对她施加压力，不断确定目标。可我无论怎么努力给她压力，她还是不温不火，中上等不拔尖，让我感觉压力对她来说无动于衷。女儿学钢琴那阵，老师说有的同学假期每天练八个小时，我要求女儿练六小时，她答应了保证六个小时，每次考级也勉强通过了。后来她坦白，实际她每天只练足两小时，因此我发现她会耍小聪明，更变本加厉施加压力，让她转学，也折腾得够呛，但没收到好的效果。那一阵子为教育问题也伤透脑筋，最后她高考时也考了个不上不下的学校。上了大学，没法子管她了，她反而学习自觉性一下子高涨，像一匹黑马，一跃成为全系第一，让我很吃惊，女儿果然有潜力。针对她身上小毛病，偶尔我也会讲她，她总是不耐烦，让我不要管她，说从小到大给她太多的压力，我很惊诧！原来，一路走来我为她的付出，对她的压力实际上是徒劳，没起多大的作用。

我有个侄儿，小时候总盼望他好好学习，改变现状，上中学时你越是着急他越是学不好，后来他干脆甩了句："我不是学习的料子，就是学不进！"当时也想不通，好歹我们大家庭不算书香人家，也是老师之家，同辈的几个孩子成绩都不错，为什么出个不想学习的人？急归急，他就是学不进，只好随他吧。

再说有个同事的儿子从小学习很自觉，从不让大人烦心，父母亲工作忙顾不了家，他天天看书学习，学习一直名列前茅，高中时她爸妈工作不忙了，经常约人在家打麻将，儿子仍然在房间学习，丝毫不受影响。我的同事从不过问儿子学习，儿子依然出类拔萃，这让家庭教育显得没有说服力。

当孩子不想学习时，做家长的怎么办？我过来之人的经验就是，不要逼他学，发现他有另外的兴趣再去引导，没有其他兴趣就随他去。说这话有点残忍，谁家父母不是望子成龙？可又有什么办法呢？为什么不想学？是因为学不进去，听不懂，逼他去学，只会逼他甩小聪明应付过去，实际上什么也没学进去。再逼他就催生逆反心理，你越是逼他越不想学，就像上面那女孩说的。逼急了，他跟你玩失踪、逃学，如果内向点，甚至会抑郁轻生。除了有一天突然开窍了，自己想学了，这另当别论。

真正良好的家庭教育是在他上学之前就培养他一个爱学习的习惯，让他渴望学习、想学习，把学习当作一种兴趣。这时父母的言传身教非常重要，如果发现孩子不爱学习责备他时，首先问问自己爱不爱学习，或者自己小时候是否爱学习，如果本身就不爱学习，怎么强求自己的孩子爱学习呢？其次培养孩子一个好的学习方法，学习过程中遇到不懂的及时要问、弄懂，否则不懂的越积越多，最后成了解不开的结，导致孩子学不下去了，大多数孩子天生都有上进心，不是不想学，实在是学不进去。另外还要培养孩子积极向上、追求卓越的品质，有的孩子事事争第一，就具备学习的欲望，有内生的动力，你不让他学他也想学；有的孩子个性温和安逸，缺乏争先拼搏的锐气，对自己没有过高的要求，成绩有个差不多就行了。所以个性很重要，等到孩子学不下去，不想学了，那时个性已定型，怎么逼他都不起作用。

所以，当孩子不想学习时，就认命吧，不管也不行，管也不行！

这是我的一点想法，不代表别人的观点。

问题家庭，像一枚定时炸弹

四十六岁的郑东怎么也没料到自己心爱的女儿会惨死在他的棍棒教育之下！这是发生在我市秦淮区的一起骇人听闻的事件，昨晚看完这个报道后，心中久久不能平静！

出现如此惨绝人寰的事，背后一定会是个支离破碎的家庭。这个郑东，四岁时父亲因车祸离开人世，恐怕那时就注定他今后的人生不会一帆风顺。父亲去世后，母亲带着年幼的他下放农村，回城后母亲再嫁，他成了“拖油瓶”，生活境况可想而知，他靠贩卖冰棍交学费，初二那年不得已缀学，后顶职到妈妈的单位工作。在少男钟情的那个年龄喜欢上一个未成年的女孩，并控制不住青春的冲动，与女孩发生了关系，被女孩的父母告发，于是稀里糊涂地成了“奸淫幼女”的罪犯。这件事给他致命的打击，成了他人生的分水岭，把他拽向偏离阳光的正道，最终锒铛入狱，他成了问题青年。他带着“问题”组建家庭，娶妻生女，女儿两岁时妻子离家而去，他又结婚生女，第二任妻子又携女离开了他。老天给了他许多机会，可他因满身问题无能经营好自己的家庭，妻子可以走，女儿无处可走，只能与他相依为命，他把全部的爱倾注在女儿身上，和所有父亲一样，望女成凤心切，不希望女儿步他的后尘，希望女儿将来过上正常人的生活。他倾其所有让女儿上了重点小学，可是事与愿违，女儿成绩不是很好，特别是上了初中，除了出落得亭亭玉立外，伴随是她越来越叛逆的性格，让他这个做父亲的头痛不已，不知如何是好。她经常逃课，而且和社会上男青年交上朋友。班主任嘱咐他强行管制女儿一个月，让她走入正常轨道。于是可怜的父亲辞退工作每天接送，那天他去学校没接到女儿，女儿又从学校逃课，他在家苦苦等待，等待女儿归来，他担心、焦虑、悲伤、恐惧、气愤，他恨铁不成钢。晚上十点女儿回来了，此时所有复杂的情绪交织在一起变为不可遏制的愤怒，从而转换为暴力，拳打脚踢还不解气，女儿像他一样倔强不求饶，他疯狂了，拿起阳台上的钢管朝弱小的女儿狠狠打去，女儿终于认错了，他终于停下手。当他冷静下来时才发现女儿头靠在墙上，只有出气没有进气，于是慌乱地把女儿送到医院，抢救无效，一个十三岁的花季少女就这样在父亲的棍棒教育下生命飘零！

一个人最初的体验是人格形成的基础，郑东童年是不幸的，失去父亲、母亲改嫁、生活动荡不安、家庭教育缺失等，这一系列痛苦的体验在他成长过程中留下刀刻般的印记。青春期时致命的打击又让他一厥不振，从此破罐子破摔，成了问题青年，他带着一身问题成家立业，有一个问题家庭也是难以避免的。他女儿就是出生在这样的问题家庭中，正如他从小没有父爱一样，女儿从小没有了母爱，他这个当父亲的本身就有问题，如何能教育好自己的女儿？家庭教育是一门较为深奥的学问，多少高学历高水平人士都为教育好孩子而苦恼，何况是满身毛病的他呢？纵使他全身溢满了父爱，可他也无力教育好自己的孩子，再说父母身教的潜移默化影响是至为重要的，他以前一些不良已经给孩子树立了负面榜样。他一味以自己的方式去爱女儿、去教育女儿，而不懂得去寻求外力帮助，最终极度的父爱转变为多年压抑心理歇斯底里般的发泄，用暴力宣泄他的变态父爱。

身边及外地发生许多未成年人恶性事件，都可追溯到有一个问题家庭、问题父母，如涉毒家庭、暴力家庭、单亲或离异家庭、高龄独居家庭等都是属于问题家庭，比如前期两个婴儿饿死的事件就是如此。

这需要政府高度重视和社会的广泛关注。父母是孩子的第一任老师，家庭教育是未成年人教育最重要的阵地。当家庭成为问题家庭时，家庭已经无法承担起教育的重任，这时候就需要政府和社会的关注。政府要制定相关的政策法规来帮助问题家庭脱离这样的困境；妇联、共青团、关工委等相关部门从维护个体权益出发担负起职责；基层社区要具体承担起这项重任，社区要关心这样的问题家庭，社区工作者也要管好网格化里人和事；相关的社会组织采取政府购买的方式解决这类家庭的问题，社工要介入这样的家庭，用专业的方法帮助辅导这个家庭；也要发动一些志愿者主动为这样家庭提供志愿服务。政府不能放弃，社会不能漠视。

问题家庭中的问题会恶性循环，越积越多，越积越深，像一枚定时炸弹，总有爆炸的时候，真的到那时危及的不仅是个人、家庭，还有社会深受其害。所以政府、部门、社区以及全社会都必须要高度关注和重视，帮助这样的家庭去一个一个梳理问题、去解决问题，多做些未雨绸缪、防患于未然的事，如果待到发现亡羊时才去补牢，为时已晚！

春晚最好的节目

要说今年春晚最棒的节目，可以说仁者见仁智者见智，如果让我评选的话，我力挺儿童歌舞“爱我你就抱抱我”。这个节目不论从主题还是内容，包括表演都堪称一流，充满童趣和活力，富有人性和哲理。我相信不仅孩子喜欢，任何年龄段的人都会爱上这首歌。

这首歌词简单，“爱我你就抱抱我、爱我你就亲亲我、爱我你就夸夸我”，反映了孩子的愿望和内心需求，希望爸爸妈妈有时间就要抱抱孩子、亲亲孩子、夸夸孩子。同时也向大家传递一个良好的家庭教育方式，作为父母亲要经常抱抱孩子亲亲孩子夸夸孩子，这对于孩子的健康成长非常重要。抱抱孩子、亲亲孩子，经常给孩子爱的抚慰，能培养孩子爱的能力和安全感，经常夸夸孩子也能培养孩子的自信，所以歌词虽然简单但富含哲理，对每一位年轻的父母都具备有益的启示。

这是一首好歌，很久没有听到这样好的儿歌了，记得我们小时候唱过许多好听的歌，像“小小螺丝帽”“路上捡到一分钱”，到后来“让我们荡起双浆”，女儿小时候唱的“采蘑菇的小姑娘”等，都是些朗朗上口、旋律优美、欢快活泼、积极向上的歌，代代传唱，久久难忘。曾几何时，难听到如此经典的儿歌，以至于没有儿童唱的歌，他们稚嫩的童音里哼唱的是没有精和气的靡靡之音，有的孩子上台表演节目也是唱什么“千年等一回”“两只蝴蝶”，都是情和爱的歌，当然这不能责怪孩子，没有他们唱的歌，他们只好模仿大人唱，有时很恍惚，不知道这个时代是在进步还是在退步。

过了多少年了，终于又听到这样的好儿歌，让我们看到了希望，欣慰！但愿作曲家不负重望，创造更多更好更动听的儿歌，让孩子们有歌唱。

心安是归处

（远方与诗篇）

时光安静下来，如烟如雾，

让春风抚摸它的心跳，

踏歌而行，心灵在晨光中招展。

——作者题记

从现在开始，我们旅行吧！

从现在开始，我要招募旅行团员，组建一个旅行团队，亲朋好友都行，男女老少皆可，只要热爱旅游都是我的旅友。

我们是一个松散而又紧密型的团体，因为我们纯属自愿、绝不强求，没有国家意志。同一个爱好，让我们走到一起，从此我们情同手足、亲如姐妹，我们相互帮助、抱团取暖，我们共担风雨、生死与共，这是组织的宗旨。我们手牵手、肩并肩，不急不急，岁月悠悠，来路漫漫，我们慢慢走、细细看，我们走遍祖国的每个角落，我们走向世界、环绕地球一周。这是组织的目标，并不遥远，并不是虚无缥缈，只要我们都是热爱旅行的旅友，我们心往一处想，劲往一处使，路往一起走，我们的目标一定能实现！当然我们还得制订翔实的旅行计划，既有长远的，又有短期的；既要领略自然天成的美丽风景，又要感受历史沧桑的人文景观；既要考虑伙伴们共同的想法，又不能忽略个性化的需求。公休、春节、国庆节的长假，我们可以远足；星期六、星期天、一般的节假日，我们可以近观；当然也不能拘泥于一纸的约束，我们也可以心血来潮，背起行囊，来个说走就走的旅行，只要有个人做伴。

我们去看辽阔的大海、宽广的草原、巍峨的高山。置身于此，我们的心可以放大，心大了，心里再大的事就会变小；置身于此，我们的胸怀更豁达，不可饶恕的气愤也会淡而化之；置身于此，眼光看得更远，会有一览众山水的气概，不会拘泥于眼前的名利得失。我们在行走的过程会越来越从容淡定。

我们去看花、看草、看湖泊、看小溪。看花开花落，观云卷云舒。我们在与自然融为一体的时候，我们的身体得到舒展，心情得到放松，我们才能以身心的健康迎接明天的太阳，收获属于自己的幸福与成功！我们在与大自然融为一体的时候，更懂得和谐的可贵，不仅是身心的和谐，还有人与人的和谐，更有人与自然的和谐。因此我们更加敬畏自然、敬畏生命！

我们去看长城、古街、故居、纪念馆，穿越岁月的尘埃，我们与先贤们对话，倾听他们娓娓道来，记住他们的人生教诲。踏着他们走过的脚印，不断摸索思考社会兴衰和更替中所潜藏的规则。为此我们会更加珍惜人生、感受幸福、感恩先人的付出。在不断丰富内涵增加厚重中更加敬畏先祖、敬畏历史！

我还要去外国旅行，去看洋人的把戏，去感受纽约的摩天大楼；去体验法国的浪漫与多情；去意大利饱一眼《最后的晚餐》；去温馨安逸的北欧小国寻找童话的故事……还想去非洲看望女儿的同学、和我一见如故的Gugu。

旅行的途中固然辛苦，有时还面临生命的威胁，存在太多的风险。但我依然喜欢人在旅途，旅途让我们的体魄更强壮，让我们的举止更文明，让我们的性情更豁达，让我们的情操更高尚，让我们的人生更充满睿智！

亲，你相信吗？赶快报名吧！

门前开满二月兰

冲着门前的二月兰，我要去趟天泉山庄。午饭过后，强忍着困意，简单收拾几件洗漱用品，拉着家人，带上小包，发动了汽车，开始上路。

受朋友蛊惑，几年前在天泉山庄置一小屋，以后每年去个三五次，住个天把，呼吸山庄清洁的空气，欣赏宁静无垠的天泉湖面。去年也是这个季节，来这里住了一宿，发现山庄开满了二月兰，这些紫色小花在春天的怀抱里野蛮生长，在路旁、山坡上、门前屋后的草丛中树木间，或是点缀，或是成片，紫得耀眼，紫得夺目，甚是喜欢。刚好旁边有一花农，正在精心除草，看上去慈眉善目、敦厚踏实，便问他怎会突然之间漫山遍野开出二月兰？他说是他去年有意撒下二月兰的花籽，没料到今年会开得这么旺。我说，那你今年在我家门前再多撒些花籽好不好，明年花开的时候，我再来看盛开的二月兰。花农满口答应。冬去春来，一晃又是一年，又到二月兰花开的季节，听说南京理工大学人满为患，游人蜂拥而至一睹芬芳，我心中念着去年花农的承诺，想象门前二月兰盛开的样子。

一路的迫不及待，碰巧一路的行程通畅，从南往北的路途中，雨季的清明，雨渐行渐止，车辆也寥寥可数，正好容忍我恣意的任性，脚轻踩油门，一路前行，节假日一路免费通行，不到两小时就到了目的地，见到石头垒成的已斑驳陆离天泉山庄门楼。

二月兰，为什么叫二月兰，她明明盛开在三月，开的却是紫色的小花？名不副实啊！

果然，门前二月兰铺天盖地，汇成紫色的花海，紫得霸气。刚刚经过雨水的滋润，越发水灵剔透，在绿色衬托下，紫色的小花粉抖抖的，像个小公主，骄傲得不得了，挺立在绿叶枝头。周边也有不少盛开的茶花，此时也黯然失色。山里的空气质量是好的，特别是铁山寺的空气，据说负氧离子含量居全省之首。山里的花儿远离城市的喧嚣，不食人间烟火，又有如此干净的水和空气滋养，她当然不负春光，不负春风，不负春雨，一个劲地生长，没有瑕疵，出落的纯粹。

喜欢二月兰的朴实随和，她可以成片开放，汇成一片花海，也可以独立绽放，彰显美丽。在草丛中，在百花丛中，在树木中零星见到她的紫色身影。她生命力旺盛，不需要精心浇灌和护理，籽散在哪里，她就在哪里生长开花。她还会自生繁衍，代代无穷，不断壮大自己家族。据说在南理工，她生长在高大的杉树旁，一刚一柔，相得益彰。衬托高大，她不卑微，一样绽放灿烂；在山庄路边小草间，她艳丽夺目，既使显高贵也一样吐露芬芳。她就是上得厅堂下得厨房的女子，不卑不亢，不以物喜，不以己悲。

在这样寂静的山庄，实在没有多余的想法，夜晚，除了漆黑的天空和偶尔一两颗星星，就是山庄物业安装的地灯，照亮夜间前行的道路，再绚烂的花在夜晚也如这漆黑的天空。这样的天气逼着早睡早起，捧着一本书，没看几页就有了困意．醒来时，窗帘透进亮光，就听见窗外小鸟叽叽喳喳的声音，又有布谷鸟咕咕声，此起彼伏，催促你快快起来，不要贪床。拉开窗帘，满目的二月兰，经过一夜的休整，似乎蓄足劲，紫得妖娆，紫得泛滥，紫得可以开染坊。难得来一趟，自然不要辜负山庄的早晨，尤其是春天的早晨，万物复苏，草儿吐绿，花开正艳，通往铁山寺的路边又建了一条塑胶跑道，早锻炼多了去处，沿着跑道一个来回跑了一个小时，一天锻炼时间足够了。

吃了山庄准备的营养早餐，就要返回了。女儿说，跑这么远路，花费来回油费，还好免了过路费，就为了看二月兰，成本价太高，生活有点奢侈，哪里没有二月兰？我说，值得！此二月兰非彼二月兰，是来看我家门前二月兰，是来兑现花农的承诺，意义不一样。再说挣钱就是要花的，圆了心愿的化钱花得值得，这叫生活有情调，何况还附带睡了一夜好觉。

之前也有亲戚朋友对在这个苏北的小山庄花重金买了这房子是否必要有所争议，一年能住几回，大都闲置于此，纯属浪费，即使等了退休后还会来此长住吗？前不着村，后不着店。没有商业网点，没有医疗设施。其实人生不要太理性，有时需要激情点燃，不是一时心血来潮，怎么会在这里买这样的房子，买了也蛮好，勒紧裤腰带几年还了贷款，有了这样的房子，可以度假，提高生活质量，可以换换住处换换心情，去躲避灰霾也是不错的地方。

原来二月兰叫二月蓝，一般在农历二月开放，开出的花是蓝紫色花，而蓝色和紫色属于一个色系，可以说蓝色，也可以说紫色，所以民间称为二月蓝，学名叫诸葛菜。地处苏北的天泉山庄春天来得比江南稍迟些，虽是三月，她却花开正旺，紫气冲天。

“香头，你不俗”

二十多年前刚进入机关，遇到工作上的同行，一位中年女性，我记住了她，不仅仅是因为每次市里开会她总是头天晚上赶到南京住上一宿才能准时参加第二天会议，还有她每次讲话发言那艰涩难懂的方言仿佛是天外的来客。她是高淳的，那时高淳在我心目中是那样的遥远……后来，十多年前参加市委党校培训，班上有个女同学叫“韩香头”，她来自高淳，怪怪的名字吸引了我。她告诉我：她们的家乡很多女孩起名叫“香头”，就像“红”“英”“兰”等一样普遍，从此觉得高淳又多了一丝神秘。后来高淳炒起了“螃蟹热”，也随朋友去过几次，但每次都是吃过就走，来去匆匆。前年，有机会去看望一个调往高淳工作原家乡的领导，他安排我们一行人在高淳走走，这一走，颇为惊讶：高淳真是不错的地方，既保留原生态风景，又有科学的规划，真如其名，既有骨子里的淳朴，又有未来看得见的高大。特别是“国际慢城”这一标识激起我强烈兴趣，那时我刚写了篇《做心灵的乌龟》一文，对一些国家提出的“慢生活”非常赞同，因此写了文章以呼应。可惜时间短暂，走马观花，对慢城没有深的体会。这次单位安排一天春游，我建议去高淳看桠溪国际慢城！

不负众望，阔别两年，再来高淳，又是耳目一新，正是油菜花盛开的季节，一路上都可见到，或一块块，或星星点点，虽然没有排山倒海的气势，也不失金光灿灿，给春天里的高淳增添一份缤纷和芳香。

我们来到椏溪国际慢城，坐上电瓶车，开始慢城之旅。进入慢城宛如到了人间仙境，感叹生态保存如此完好，没有人工雕琢，都是天然的丘陵、河塘、灌木、花草，只有一条水泥路是人工修筑的，在山中蜿蜒曲折，游走穿梭。慢城既像是一片辽阔的湿地公园，又有许多山坡丘陵点缀，山不高、林不深、沟渠纵横，错落有致，特别有层次感。此时恰好下起蒙蒙细雨，同事有些遗憾，我认为这样的天气正好，为慢城之旅添上神来一笔，如雾中看花水中观月一般的感觉。远看，烟雨中隐约可见不高的山峰耸立着一座宝塔，那山叫游子山，那塔不知何名，山下粉墙黛瓦马头墙，饮烟袅袅，正如古人描述的：白云深处有人家；近观，万物复苏，春雨润物细无声，一层层新绿，一树树花开，绿的流翠，花开更艳，花芯柳叶沾满的小水珠晶莹剔透，让这里更增添了生机和灵动。

在大开发大建设的时代能够有这样一处原始生态的地方，应该是当局者明智之举。这里不是开发热土，这里宁静安详；这里没有机器轰鸣，这里鸟语花香；这里没有追求高速增长的GDP，这里却留下一片人间净土。慢城首先倡导的是慢发展，慢发展不是不发展，而是科学地发展，可持续发展，去除盲目跟风，多些理性思考。

慢城的人们倡导慢生活，这里没有工厂，这里的人们日出而作、日落而息，返璞归真，仿佛回归农耕时代，他们依山造田、靠水吃水，从事种植养殖，没有化肥农药，没有三聚羟胺，简单而干净生活着。产品剩余了，在家门口搭起商铺，从事简单的贸易，他们做生意实诚，就是一口价，没有还价的余地。他们因此制宜，就地取材，做起“农家乐”餐饮，让各地游客品尝绿色食品，得到舌尖上的满足。

慢城倡导人们放慢心灵，放慢匆匆赶路的步伐，停下来看看路边的风景；节假日远离都市的喧嚣，走向乡间田野，舒展疲惫的身体，放松绷紧的神经，做做深呼吸，听听来自内心的声音，享受乡野的静谧，收获心灵的平和安详。正如导游所说，到了南京旅游，看的都是中山陵、明孝陵、雨花台、大屠杀纪念馆，终需要一个地方让沉重忧伤卸下来，高淳慢城承载这个功能。

2010年之前，高淳还是一个人口二十来万的小县，与意大利波利卡市结为友好县，该市市长来高淳县桠溪镇参观考察后被这里的生态环境所折服，刚好他也担任国际慢城联盟副主席，他认为高淳桠溪完全符合国际慢城的条件，人口五万以下，无污染，无噪声，传统手工方法作业，没有快餐区和超市。在他的倡议推动下，高淳县开始国际慢城的申报工作。2010年11月，在苏格兰召开的国际慢城会议上，高淳成为中国首个全世界第140个国际慢城。一段美丽的姻缘缔结一个美丽的神话！

汽车带着我们行驶在高淳的大道小路，所到之处干净整洁，城市乡村规划有序，既有娴静的田园风光，又有气派的都市风范！坚信：在“国际慢城”时尚理念引导下，昔日的“香头”逐渐变成气质、优雅、从容的大牌名媛。

圆梦九寨沟

阳光灿烂的日子开启了今年的休假之旅，奔向梦中的九寨沟。

记得那年也是这样的深秋，同事去九寨沟旅游，带回许多拍摄的风景照，看后特别惊讶：人间真有如此美丽的地方？从此埋下相思情，和自己约定：一定要和最好的朋友在最美的季节以最好的心情去游九寨沟，这样才不会辜负那样美的风景。为此我一直在寻寻觅觅——这样的人、这样的时刻、这样的心情。想不到真的很难啊，快十年，也没有凑齐这三项，这其中因为2008那场百年未遇的地震，也有工作上的原因，也有家庭的情况。又到十月的季节，此时此刻有了爽爽的心情，然而约了几年的好友却不能同行，我觉得不能再等下去了，世事难料，许多美好因为错过或许成为一辈子的遗憾，无论如何今年一定要完成此行，哪怕是只身一人！好在最后还是有一个小姐妹愿意陪我同行。她安排好自己的工作和孩子，在网上办好旅行社的一切手续，通知我带好身份证，隔天就出发，背起背包开始我们说走就走的旅行。

飞机在暮色苍茫中安全抵达成都双流机场，稍等片刻就有一辆车来接我们，小面包车在高速公路上奔驰，想起两年前春节曾举家出游成都和峨眉山，此路此景此车，一切依旧，顿时温暖弥满心间，想想今后女儿渐行渐远，这样的时刻会越来越奢侈，心中又徒增一丝惆怅。哎，必须锻炼独自旅行的能力，因为没有人一直能陪伴你。

我们在成都住了一晚，第二天清晨五点半迷迷糊糊地拖着行李坐上一发动到处都是响声的面包车，因为迟到了两分钟还受到司机的训斥，二十分钟把我们送到目的地，嘱咐我们在此等待开往九寨沟的大巴。下了小车，感受到成都深秋的萧萧凉意，我们是第一拨人，路边已有二三个商摊，有卖早点的，也有卖雨具的。生意人一声吆喝："喝一碗热粥"，正中下怀，我们喝了一碗粥，吃了一些点心和鸡蛋，身上立马有了暖意。生意人用口算报了价钱，我怀疑算错了，他又一一分解出单价来，我说你的价钱也太贵了，他则平静地说："大家都这样的。"我无话可说，中国自古以来就"不患寡而患不均"的集体无意识，只要大家是一样的，就心甘情愿地被宰了，再说一大早生意人挣点钱也不易。

一拨一拨的游客从不同的旅社被差不多同样的小面包车送来，也陆续来了几辆大巴，我们上了指定的大巴，导游清点了人数确定全部到齐后通知司机开车，车上共有31位旅客，都是去九寨沟和黄龙的，我坐在最后排，当车子开动时，放眼望去，大都是女同志，年龄在三十多到五十岁之间，男同志只有六七个，大多是陪老婆来的。听口音有不少江苏人，一位干部模样的人错把我的同伴当作导游，于是就有了搭讪，他说自己不喜欢玩，但老婆喜欢旅游，今年又提倡公休，只得舍命陪君子，语气中因此充满了抱怨。

旅游车行驶在蜀道上，在崇山峻岭中穿梭，穿过一个又一个隧道，听导游说这些隧道都是2008年地震后建的。山里的天气一会儿阴一会儿晴，有时雾气重重，有时晴朗通透，有时一阵炫目刺得睁不开眼。大巴沿着盘山公路蜿蜒曲折，体验着山道十八弯，身体也随着车子不停地摇摆，搅得肠胃加快蠕动，一些人出现晕车。三小时后，车子停在路边，导游说是塞车，开始我以为是堵车，可一塞就二三个小时，后来才清楚原来是交通管制。山里道路一逢下雨就会出现山体滑坡、泥石流之类，使道路常常受损，影响通行，因此交管部门会限制车辆通行，分批放行。等到达目的地时已是夜晚九点。

此时的九寨沟已是零下的气温，寒气直扑，好在安排在藏民家中用餐，热气腾腾的土灶火锅一下子驱赶了寒意，给大家带来了温暖，围坐在一起，相互熟悉认识，有种家庭的氛围，现场不断有藏民献歌、敬酒。饭后在草原乐曲声中，大家围着篝火手拉手跳了起来，寒冷、轻松、兴奋混合交织。夜色已深，星月当空，大家意犹未尽，真的不想离去。

带着久久的期待，终于见到日思暮想的九寨沟。听导游介绍，九寨沟是由呈“Y”型分布的三条沟组成，因为里面有九个藏族村寨而得名。有114个大小湖泊，错落有致地分布在崇山峻岭中。传说很久很久以前，一个叫达戈的男孩，热恋着美丽的女孩沃洛色嫫。男孩用风月磨成一面宝镜送给心爱的女孩，不料魔鬼插足，女孩不慎打碎手中的宝镜，宝镜的碎片散落人间，变成了114个晶莹的海子，像翡翠宝石一般镶嵌在山谷幽林中，从此，人间便有了童话世界般的梦幻仙境九寨沟。九寨沟内有几个著名的海，箭竹海、老虎海、熊猫海、五花海等，每个海都有独特的美色。

坐上景区观光车，两岸风景尽收眼底，山，威然屹立，赤橙黄绿青蓝紫，五彩斑斓，层林尽染；水，或奔腾向前、湍流不息，或静若处子、清澈见底；山倒映在水中，水拥抱着高山，山水交融；树，或亭亭玉立或婀娜多姿，树在水中走，水在树中流，形成九寨沟一种独特的景观。浅滩处一丛丛低矮的芦苇在风中摇荡，还见到身着彩色衣服的野鸭子游弋栖息。海是九寨沟的主要看点，海中的水神秘莫测、变幻无穷，有的碧绿、有的湖蓝，与天空的蓝天白云遥相呼应；海底里横七竖八地躺着一些枯木，枯而不腐，勾画出不同的几何图形，使海有了立体感。湍急的山涧泉水因为地势的高低跌落成大小不同的瀑布，如大珠小珠落玉盘，飞扬起磅礴的激情，此时让你忍不住大声喊叫，人间所有的忧愁在这里释放。举头望远，雪峰高耸，直插苍穹，会激起你攀登未来的欲望。

总以为去九寨沟只是观赏自然景观，去了才知道远远不止，一场大型演出《九寨千古情》给各位游客送上一文化盛宴，舞台上以先进的科技、用美妙的声光电和舞蹈演员的肢体语言演绎九寨的传说，讲述了发生在松州古城的文成公主与松赞干布汉藏和亲，展示着被称为“云朵上的民族”羌族的独特的风俗习惯和羌族人民抵制外来侵略者的威武英勇，再现当年大地震唤起的全国人民众志成城、大爱无疆的一个个可歌可泣感天动地的故事。整场演出只有一个小时，短小精悍，却很好地反映九寨丰富的人文内涵和历史积淀。返回的路上，导游还带我们参观了中国古羌城，这是地震后由山西省援助下恢复重建的，虽然没有历史的厚重，但也向外界展示这个神秘而又古老的民族。正如羌族姑娘所说，她们因祸得福，因为地震以前这个民族是封闭、不对外开放的，现在新建的古羌城不仅恢复原有的建筑风貌，还建有羌族博物馆，同时也成了羌族手工艺品的小市场，每天接待全国各地的游客，创造着可观经济效益，从此摆脱自给自足的小农经济，走向市场，不再神秘，更加开放。羌族有三宝，羌雕、羌绣、羌笛，尤其是羌笛是世界首批非物质文化遗产，想起唐朝诗人王之涣的“黄河远上白云间，一片孤城万仞山，羌笛何须怨杨柳，春风不度玉门关”。导游说羌笛一般是用来独奏，表达思念和向往之情，一口气能吹一首曲子。

一路上，旅游大巴经过汶川、映秀、北川等地都要唤起沉重的记忆，当年惊心动魄的现场不复存在，脑海里回放的是万众一心全民族空前凝聚的镜头。经过七年的恢复重建，一幢幢新楼拔地而起，一条条道路畅达通衢。更重要的是灾区人的思想及心理获得了新生，人们已从那场浩劫中走出，迈向充满幸福和希望的大道。今天媒体上传出：全国十大幸福满意感城市，成都位居第一，去年全国离婚率也是成都第一，或许人们从大难中走出更觉得生命的可贵，追求人性的自由，不受一切约束。据导游说，成都这几年投资房产的人很少，因为觉得地震后不管家有几套房产，政府只补偿一套房，居民的投资倾向于提高生活质量、追求幸福指数。

值得一提的是九寨沟景区管理一流，井然有序，清洁卫生，巴士一辆接一辆，间隔时间不会超过五分钟，每隔几十米就会有垃圾箱，非常方便，特别是厕所给大家的印象很深，可以自动换套冲洗，而且每个厕所都有管理人员，时刻保持干净卫生。在我去过的所有风景区，九寨沟不仅风景最美，管理也是首屈一指。同行的小徐通过此次接触，发现她是很好的旅伴，不仅人美，素质也高，一路上办事利索、服务细心周到，她是那种内外兼修的女子，讷于言而敏于行。

和最好的人在最美的季节去看最美的风景，人生有这么一次，足矣！

养在山庄

已是深秋的季节，总算抽出时间陪先生一同来山庄静养，让身心得到调整放松！

驱车不到两个小时，下了高速，满眼都是丰收的季节、希望的田野，成熟的稻谷在秋风吹拂下推出浪花，有的已经留下收割过的痕迹，有待耕耘。想起儿少时的家乡，有种回归的感觉！

这个季节来山庄度假真是不错的选择，避开了人流的高峰，山庄静谧安详，没有喧嚣；气候不冷不热，开窗通风，享受自然的空气；正好一场秋雨刚过，天高云淡，秋阳暖暖，当秋风吹过，还可听到叶落声音。

近来山庄的生意好像不太好，一见大门给人以衰败的感觉，像一个破落的地主。被雨淋湿的各种落叶铺满可能的空间，门墙是石块垒成，长满了青苔，金属的大门锈迹斑斑，门卫保安任其车辆进出，也不过问。

进入山庄，映入眼帘的一望无际的湖面，这让我精神大振，心情一下子愉悦起来，真是久违！

记得多年以前第一次来山庄时，让我记忆犹深的就是这个宁静无垠的湖面，因此喜欢上她，谁知再来时湖水却干涸了，听说要打造湿地公园进行改造，人工把湖水抽干了，苦苦等工程结束，盼望着碧波荡漾的湖水再回山庄。以后年年去，望眼欲穿，湖水在人们的企盼中慢慢积蓄着，虽然力量很小但一直在努力，每年水位上升一点点，终于在今年夏天涨到游客满意的高度，天泉湖终于又恢复原来的模样。

只是又多了些商业化的内容，湖中添置供人游玩的船只汽艇，还好不影响观赏。夕阳西下的时候，我又来到湖边，这时候聚集众多专业摄影师，他们装备齐全，正在捕捉最美丽的瞬间，近处浅滩处的芦苇在水波中摇曳，似乎在浅吟低唱，勾勒起童年的回忆，引发我的乡愁：那时和小伙伴们划着小木船在江边芦苇中穿梭，经常去采一种叫蒲果的东西，这种东西可以驱蚊子，晒干揉碎可以做枕头填充物。抬头望远，彩霞满天，湖光吞金，湖光山色相互交融，镜头中配着婀娜多姿、造型各异的树枝，勾勒出美妙绝伦的画面。早晨朋友在微信圈中发了一组日出，并配文：美丽的一天从太阳开始。晚上我在微信中呼应：我们不要为错过了太阳而叹惜，我们一样可以拥有夕阳，花开终有花落时，人间正道是沧桑！

已进入深秋的山庄到了夜晚，漆黑的天空，一轮明月皎洁，行走于夜色下的山路，会有无绪遐想。无奈寒气弥漫浸润肌肤，难以忍受，无心赏月亮，只好匆匆赶回路，窝到房间看书。来之前特地去书店淘了几本书，其中有本毕淑敏经典散文集，我与毕淑敏有相似的背景，学医出身，又进修过医学心理，因此每每读她的文章都能激起思想的共鸣，读过她的小说，但更喜欢她的散文，尤其是这部《心灵的盛宴》读后手不释卷，就像饥饿的孩子吃到奶油的面包。她用散文的笔调介绍心理学科普知识，文字之流畅，语境之优美，让人不感觉到心理学枯燥深奥。夜深了却毫无睡意，担心眼睛不能过度疲劳，不舍地丢下书合上眼，和寂静的山庄进入梦乡。

清晨醒来已是大亮，奇怪没有被虫吟鸟鸣叫醒，可见深秋的虫鸟也收起一贯的高调不再叽叽喳喳，为进入冬眠做好准备。山庄真是养心的好地方，每次到这里都能一觉到天明，这里安静地只能听见虫鸟声，特别是让人能告别喧嚣，排除私想杂念，涤荡着心灵，不由你多想，入睡前不管看多久书都觉得头脑空空、轻松舒适，然后安然入睡，以前睡到被鸟儿唤醒，现在鸟儿迟了，我也一样迟了。午饭过后，太阳直射房间，暖暖的晒着，坐在床上看看书，一会困意袭来小盹片刻，这样养神比什么都好！

山庄有个酒店，一天三顿吃在酒店，免受厨房炊烟熏扰，这几天我们打算吃遍店里所有菜。有几样菜值得一提，槐花涨蛋是最具地方特色的菜，首先是食材好，是以名副其实的草鸡蛋做成的。我曾经把这里的草鸡蛋与其他地方草鸡蛋做过比较，其蛋黄的色泽与蛋清的透明度都略胜一筹，不一样就是不一样，是正宗、散养、吃虫子的鸡下的蛋，这样的鸡蛋营养价值是否高没有考证过，最起码看上去舒服，首先在色上取胜。其次做功在“涨”字，居然能涨那么厚，像烘烤出来的鸡蛋糕，既松软也不焦糊，一位厨艺不错的朋友吃了这菜也赞不绝口，说要找机会学这涨蛋的技术。二是葛粉糕，是独一无二的，其他地方吃不到的菜，是葛根粉与青椒肉沫交融一起煎出来的，味道独特。当地朋友送给我们一行人一些葛根粉，各自回去都仿效做这菜，没有一人做成功的，至今不知奥妙在哪里。三是天泉湖鱼头汤，不可能就是湖里的鱼，但用的是湖里的水，由于炖的时间长，汤浓稠鲜美可口。还有一个这次刚发现的菜叫荷塘小炒，即嫩藕、黄爪、山药、木耳混在一起清炒，味道也不错，我建议不如加点菱角，然后取名为荷塘月色岂不更好？还有韭菜炒地皮也是一特色菜，这两天吃遍酒店所有菜，这样吃法能不养胖了回去！吃撑了在山庄走走，看看湖光山色，欣赏虫鸟花草，彻底放松下来养心养生养性。

午休后商议去周边小镇看看，能否买些水灵灵的瓜果蔬菜带回家，驱车十来分钟到了一个古城镇，转了转很失望，农贸市场空无一人，有些供销社样门市部在营业。街上行人也不少，他们似乎对季节变化很敏感，裹着厚重的冬装，与他们搭讪时，看上去很羞涩朴实。街上称得上脏乱差，旁边停辆中巴车，让我想起十五年以前在乡镇工作每天就是坐这样中巴车来回颠簸三个小时，坐在车上总是担心这车会颠得随时散了架，看来这地方至少落后十多年。原来这儿集市只有早上一会，仅供镇上为数不多的居民进行商品交易，所以很快结束，被称为鬼节，每旬的三、六、九集市人比较多，才去赶集。第二天上午我们又去了另外一个镇叫王店镇，找到了农贸市场，这里倒真像赶集样子，从大街上一直排到农贸市场里，红红绿绿，琳琅满目，大都是衣服鞋帽生活用品，好像是把商店搬了出来，农副产品倒成了业余的，想买一些鲜活土特产还不容易。仔细一想也在理中，这里的村民自给自足、自产自销，没有多少农副产品需要集市去交易，没有需求就没有供给，所以市场上流通的大多是家居生活等轻工业产品，看来要想买些蔬菜土特产还需要到农民家里去采购。

这次山庄静养时间不长，感觉不错，养心养生养性三管齐下，收效甚佳，特别是几天下来先生气色开始红润，心情也放松下来，本来不想来硬是被我说服才来的先生也开始喜欢这里，不提何时回家。

冰城之旅

以少女的情怀爱着那片冰雪世界，期待有一天能够身临其境。多年前我就在策划一场冰城之旅，但迟迟没有付诸行动，担心温室待久的脆弱难以抵御零下几十度的寒流，好比叶公好龙，既期待又恐惧。眼看年岁渐长，抗寒的能力越来越弱，世事无常，如不尽快行动，说不定就会留下人生之遗憾。小闺密听说我将去祖国的最北方，特地给我送来一件加长加厚羽绒服，穿上后觉得自己有得像莫泊桑《项链》中小公务员的妻子，又觉得有本质上的不同，因为我没有虚荣。

登上吉祥航空公司的飞机，寓意此次旅行一路吉祥如意。空中飞行两个多小时，下降时，从舷窗往下看：哇，千里冰封，万里雪盖，一派北国风光，顿时心中打起了寒战。直到出了机场，才觉得根本没有想象中的寒冷，反倒有一种舒适的清凉，就像暑夏进入制冷的房间。原来，大多数的恐惧是自己臆想出来的，是对未知世界不确定的恐惧。

差点被“忽悠”

我们从机场要了一辆出租去预定好的哈尔滨凯宾斯基酒店，车走了一会儿，家人发现司机没用计价器，司机回答用不用都得要150元左右。在我们坚持下，他才竖起了计价器。结果到了目的地，计价器显示95元。晚上，我们要从中央大街返回宾馆，此时已经近十点，路边停了一排的士，当听说我们要去的酒店后，司机一致报价50元，都不肯使用计价器。我们表示困惑，他们回复不屑，并说：大过年的哪用计价器？几个司机一唱一和、相互做托。心想，这些就是传说的黑车。我们执着地等，等正规的出租车，夜晚的风透过衣服的缝隙往身体钻，正好体会北方的冷。来了一辆，司机摇下车窗，问去哪儿，我们说了目的地，司机说太远，空车返回不划算。女儿很灵活："我们多付十元好吗"，司机同意。到达后，显示28元，加一元油费，女儿付了40元。我说，其实也就多10元，省得寒风中受冻。女儿说，不是钱的问题，要的是规则。女儿在涉外企业工作几年，形成规则的意识。第三天我们计划去滑雪场，酒店服务已为我们叫了出租，一上车，司机就以东北人特有的腔调和我们拉起话茬子，问明我们的情况后，他甚至不是建议而是强求我们别去计划中的名都滑雪场，去他说的另一家滑雪场，包车来回500元。他说了几点理由让你非得改变主意不可，一是名都滑雪场的雪已经开始化了，并指指公路边说：就和这差不多，根本滑不起来，去了就是白跑一趟，去一百来一百，你们得多花二百元；二是那滑雪场紧靠火葬场，烧死人的烟灰往这边飘，黑乎乎的，正好被吸进肺里。我真被他说服了，让女儿把网上订的票退掉，孩子则建议到了那儿先看看再说。一会儿，司机又接了一个电话，传来的声音与司机说的如出一辙。我立马意识到是"托"，这下反而促使我们的坚定。到了滑雪场，白雪皑皑。出租司机立即改口："能滑能滑。"拿了100元的车费掉转车头。我总算领略到赵本山笔下的"忽悠"。出租车司机是城市的一张名片，是城市形象塑造和维护的重要力量。我相信遇到的这几位司机不能代表整个哈尔滨出租车司机的群体，但他们的一言一行肯定影响对这个城市的总体打分。

异域的情调

哈尔滨不算一个古老的城市，只有一百多年的历史，19世纪末还是帆影炊烟、乡间集市、茅舍田园。但是由于水陆通衢、交通便利，特别是中东铁路的建成，哈尔滨逐渐由乡村向城市转变并快速扩张。20世纪初，哈尔滨已经发展成为国际性商埠，先后有33个国家的16万余侨民聚集这里，有16个国家在此设领事馆。随之而来的西方文化也潜移默化地浸染着这个城市，影响老百姓的衣食住行，特别是在建筑风格上打下深深的烙印。因此在哈市各式建筑精彩纷呈，具有浓郁的异国特色，成为一个建筑艺术的博物馆，不仅是游人观赏的景观，更在东亚乃至世界建筑史上都占据重要地位。位于中央大街的圣索菲亚教堂是其中的瑰宝，是哈尔滨标志性建筑。光绪33年，由沙俄入侵的随军所建的东正教堂，是远东最大的拜占庭式的建筑，它的风格是洋葱头的顶。开始建时是个全木式结构，重修时成为砖木结构式。教堂高53米、面积721平方米，可以容纳2000多人，有40多个舷窗，光线可以从舷窗透射，使教堂笼罩在一种神秘感中。目前她不发挥教堂作用，而成为一个城市变迁的博物馆。

晚餐，女儿在网上搜索哈尔滨中央大街最有特色的餐饮，结果是附近有个欧罗巴，步行二百米就找到这家餐厅，原来是家西餐厅，立柱上妇女头像的浮雕，壁画，长长的餐桌，一股俄罗斯风扑面而来，餐厅的前头有个小舞台，有一台三角钢琴，俄罗斯少女唱着地道的民歌《红梅花儿开》。夜幕降临、华灯初上，漫步在著名的中央大街，此时各式冰灯街灯精彩纷呈、竞相绽放。行人游人熙熙攘攘，风格各异的欧式、法式、俄式建筑在五光十色的霓虹灯的装扮下格外绰约、暧昧迷离，像极了风情万种的法国美女，异域色彩浓郁、情调十足。看到马迭尔宾馆也特别熟悉，因为在电视剧《悬崖》中多次出现，印象中那是情人约会的地方。马迭尔冰棍也吸引众多的人争相去购买，零下十几度的气温吃着冰棍不知什么感觉，五块钱一根，女儿尝了，我已没有那种兴致。这就是夜幕下的哈尔滨，感觉全世界的浪漫都蜂拥而至。

冰雪的诱惑

看雪是我们此次旅行的主题，第一站去太阳岛。记得年轻时听过一首歌颂太阳岛的歌，激起我的无限向往，我拼命搜索记忆，想为今天的旅行寻找一些亮点，无奈怎么也回忆不出旋律和歌词，用起万能的“百度搜索”，于是郑绪兰《太阳岛上》熟悉的旋律在耳边流淌，但从头听到尾，没找到太阳岛有什么看的地方，只是描述了姑娘小伙子幸福的情景。好在今年的雪博会在这里举办，于是给冬天的太阳岛增加一些可观赏的景点。就好像同学的女儿，本是一个涉世未深的少女，经过海外留学的历练，就变成了富有内涵的气质美女。本是一堆雪，在艺术家的匠心独运下就变成形态各异的房屋，变成栩栩如生的各类动物，变成惟妙惟肖的人物英雄，变成意味深长的民俗和典故。走进去越发让人惊奇兴奋，我看到一望无际的冰城，看到一座座晶莹剔透的城堡，看到童话中的王国，看到一个个白马王子、白雪公主。歌曲里的游泳场成了溜冰场，姑娘小伙舞动灵巧的身体在冰上划起弧线，父母孩子一家三口骑车幸福地驰骋，其乐融融，把冷冰冰的冰雪世界渲染得热烈祥和。我和女儿玩起了大滑梯，借着滑板沿着滑道从高处自由滑下，有一泻千里的感觉，一刹那仿佛灵魂出窍，好惊险！好刺激！此时已感觉不到丝毫寒冷，周身热乎乎的，沉醉其中不愿离去。置身于这冰雪世界，不仅仅享受一场视觉上的盛宴，更是因冰清玉洁而触发心灵的感动，圆了人生最初的梦想。

当夜幕降临，冰雪配上灯光，该会有什么奇遇呢？非常期待“冰雪大世界的冰雕展”。经过前两天的热身，对冰雪之美的诱惑有了一些免疫，可是到了现场，火树银花、晶莹剔透，还是有些激动。当冰雕遇到灯光，就有了穿越的感觉，带着我们走进童话王国、走进梦幻世界。我们花了二百元请了导游，听她介绍：冰雕的冰取自于松花江，是用的第二层冰，因为第一层有尘埃和污物，比较脏，第三层显得脆弱，所以取中间一层作材料。一般冰雕时期只有两个月的生命，一部分冰块留在原地滋润土地，一部分回归松花江。这次我们比较幸运，正值冰雪消融之际，那晚看过冰雕后，第二天气温回升开始封园。晚上我有了感慨：她来自松花江上，她是冷的凝固、水的雕塑。抹去岁月的尘埃，撩开人间的纷扰，一意孤行着她的晶莹和剔透，任凭人间千刀万剐、精雕细镂，她无怨无悔、逆来顺受，只为变为人们心目中的模样。面对赞美，她继续她的冷漠。面对爱慕，她以不屑的回眸。她以高冷的姿态接受观摩，她没有温度的体肤拒绝爱抚。她吸日月精华、饮天地甘露，唯独不食人间烟火，却放射出烟火般的璀璨。当天地回暖、冰雪消融，她的生命宣告结束，她用短暂一生诠释什么是冰清玉洁。

滑雪的体验

滑雪是此行的重头戏，行程的最后一天我们兴致勃勃地来到滑雪场，本以为滑雪很容易，手到擒来，谁知滑雪鞋一穿、雪撬一装，简直无法动弹。不得已花钱请个教练，一小时 240 元。教练简单地说了几条要领：双腿放开与肩膀同宽，身体前倾、眼睛向前看；用脚跟向后蹬，小腿用力；上行时雪撬呈“V”字、刹住时雪撬呈“八”字、双腿叉开等等，然后挺残酷地把我们推向滑雪场开始实战训练。女儿三下五下就掌握要领，可以独立滑行，我老胳膊老腿笨手笨脚，折腾得满身是汗，也没有长进。一个小时很快过去，教练扔下我另外接单，让我上不是下不是。看着女儿和家人在雪地上潇洒自如的身影，我很失落，突然想放弃，脱去沉重的盔甲去休息，化钱买罪受。女儿却鼓励我，并充当我的教练，这一来也激发我的进取心，人生难得来一回，一定不要留遗憾。不就是摔跤吗？多大事！豁出去了！于是我深呼吸、平稳心情，平衡好身体，撑杆一撑向下滑行，也不管什么要领了，此时速度越来越快，我感觉控制不了，于是闭上眼，“扑通”跌了下来。在女儿帮助下站了起来，继续下滑，当速度加快时又刹不住了，又“扑通”摔了一跤，滑到底时共跌了三次。此时我反而越挫越勇，再来一次，当再次下滑过程中速度加快感觉身体失衡时，不知哪来的一股力量，给了我勇敢，我抬起头朝前看，身体突然变得轻松自如了，双脚也听指挥了，哎，速度居然降下来了，能够刹住了。然后继续加速下滑，快到底时看到密密麻麻的人群又心慌了，但我很快控制自己，抬起头，口里发出吆喝为自己鼓劲，还真管用，果然又挺住了，最后稳稳落地。终于全程都没有摔下来。此次畅行给了我信心，让我有了底气，我又重来一次，这次更加自如，一气呵成！

终于战胜了自我，心中涌起获得感，有了一点感悟：其实对于我这样自我意识强烈的人学习技能只要到实践中去摸爬滚打，而不是刻意地去掌握什么要领。过度用脑子去想，身体就无法放松，这是练习技能的最大障碍。只要树立自信，胆子放大，只管抬头往前看，出于本能身体自然前倾放松，就能保持身体平衡状态，如果一味地掌握要领反倒绑住了心理，身体就无法舒展。游泳如此、骑车如此、滑雪也是如此。

新疆之“醉”

听说我去新疆，朋友就给出了命题作文《新疆感受》，我还不敢怠慢朋友的期待，在行程的后期就在考虑来新疆的感受。已是第二次来新疆，每次都是来去匆匆，无暇看风景，也没有好好考察，谈不上多深的体会，直观的感受就是“醉”。为景醉、为酒醉、为新疆的热情所醉。回来的前一天，在朋友宴请晚宴上，一行的团员也用三个“醉”作为答谢辞，想来正好与我的感受不谋而合。

恰是美景醉煞人。感觉新疆既没有固定的景点，又处处都是风景。特克斯境内的喀拉峻大草原壮丽雄伟，整个景区达 2800 多平方公里，相当于两个江宁的面积那么大，车子进入景区，在崇山峻岭中穿行。初秋的草原绿草开始泛黄，远远望去，连绵不断，波浪叠加，大有推波助澜之势；稍近观赏：绿的起伏，黄的跌宕，青黄相容相接，不管是黄还是绿，都是丝滑般光溜，宛如从天上跌落下来的丝绒地毯，柔软得让人有立即躺下去的冲动。抬头望天，一片湛蓝，纤尘无染。草原上时不时有牧民赶着牛群、羊群、马群姗姗走过，羡慕他们悠闲自在，脸上洋溢着幸福的模样；有各种各样叫不上名的鸟儿时不时亲吻着草地然后在上空盘旋再向远方飞翔，逗着你和它去追逐，这样的场景让你激动、让你疯狂。我特别喜欢那个叫尼勒克的小城，这是个铺满鲜花的小城，这是个酿制甜蜜的小城，也是一个古木参天的小城。小城位于天山脚下，呈柳叶状，长达 243 公里、宽 8 0 公里，伊犁河三大分支之一的喀什河贯穿其中蜿蜒而过，滋养一万多平方公里土地、24个民族19万人口。清晨八点，小城从黎明中姗姗醒来，沐浴着晨雾，走在清洁干净的街道上，感觉清新舒适、宁静和谐，井然有序。我特地要了本尼勒克县志，并且请县委书记签名题字，写下了：不到新疆不知道祖国之大，不到伊犁不知道新疆之美，不到尼勒克不知道新疆美在哪里。还有深秋的天山大峡谷，翠山与碧水相伴，深邃静谧，宛如养在深宫人未识的美女，多情而神秘，让人着迷，让人沉醉；还有与之擦肩而过的塞里木斯湖，虽然无法停下来观赏，在那群山之中、茫茫草原瞧见那一方绿水，也会让你难以忘怀。因为时间短促、原因特殊，容不得我们去看更多的风景，不过看到草原就已足矣，足以让我沉醉，足以让我久久回味。

酒本醉人情更甚。人生充满了许多有意无意，八月三十一日我在微信看到一个小游戏："九月份适合做什么"，闲来无事，我随手点击玩玩，输上自己的名字后，跳出两个字："喝醉"，哈哈哈，当时觉得有意思，因为我不是喝酒的人，最多礼节性地沾上一点，就会面红耳赤，大家就不会强迫我喝，所以从来也没有喝醉过。都说借酒消愁、酒能壮胆、酒能让人诗性大发、酒能让人豪情万丈，但想到酒咽下去那一刹那的痛苦，真是打死我也不想喝。一切都是冥冥之中，日历刚翻到九月，突然有了让你不得不喝"醉"的机会，从决定去新疆到最后离开新疆，这十几天的时间我喝的酒比过去十几年喝的总和还要多。那架势，不喝不行，喝倒为止。到了目的地，领队召集开会，我一本正经带着笔记本去了，同伴笑话我：拿什么本子，你以为研究什么工作啊，不就是布置怎么对付喝酒之事。果然，领队先讲了行程和注意事项，重点讲了晚上喝酒之战略战术。想想自己真是简单迂腐，活了五十岁，才第一次见识这样的事情。晚宴开始，一张桌子坐了二十多人，座位上都有特制的席卡，座位的安排是按中国通用的礼节，主客次客、主陪副陪等等。因为事先开过会，所以看得出来酒桌上的局势，对方与我方两大阵营，剑拔弩张，都是有备而来。真是道高一尺魔高一丈，主陪一上来就技高一筹，宣布每人发半斤装的一瓶，喝不了的自己找人带，这一出人意料的规矩让我方彻底乱了阵脚，同时主陪还严密监管，不得有丝毫抛洒残留。指标完成后进入第二环节，歌手敬酒，先是哈萨克歌手献歌敬酒，每人一首歌一杯酒；然后依次维吾尔族、蒙古族歌手先后献歌敬酒；最后是喝穿衣戴帽酒，给最尊贵的主客穿上哈萨克的民族服装，其他客人戴哈萨克帽子，每人得喝上一杯，有民族礼节为上，不能怠慢。可想而知，几个程序下来，大家已开始摇摆。没想到喝完一场还有第二场等着，当地的主要领导盛情款待，地点选择在民族风情浓郁的哈萨克牧民家里，地上铺着繁花似锦的地毯，桌子上是琳琅满目的牛羊肉食品和瓜果蔬品，主客方围着长桌席地而坐，如果不让喝酒，这样的氛围是坐下来就不想走的。主陪是位四十出头的女性，衣着悠闲随意，一眼看上去以为是位老师，当她满怀深情说完迎宾祝酒辞后，没人怀疑她是位略带有清新文艺风的政治强人。按规矩她先提三杯酒，助手也接着提三杯，然后又有几个歌手逐次献歌敬酒，又是穿衣戴帽酒等等。客人不醉主人不散，结果我方一个个酩酊大醉，甚至有的被架回宾馆。在新疆的这些天，几乎天天如此，不醉不罢休。经过新疆的这番考验，喝酒的胆量陡然上升，从此对酒精不再那么望而生畏了。

心醉只是因为人。这次出去想来是心情最为放松的一次，是沿途美丽的风景让人心旷神怡，欲罢不能。置身辽阔的草原，在高远的蓝天下，心胸更加放大，身体得到舒展，神经得以松弛，你不由自主地对着无边无际的旷原、对着深不见底的峡谷作心灵的呐喊，山谷还有回音。此时工作中的压力、生活中的烦恼一下子飞到九霄云外，恨不得像鸟一样在天上飞翔。大草原无疑是最合适的心理治疗场所，在这里不需要心理医生的引导，就能进入无意识的状态，自觉地把压抑在心中的心理垃圾统统发泄、排解、释放。是酒精的麻痹，同样也让身体和精神处于松弛状态，酒精的发酵和膨胀挤走了头脑里私心杂念，掏空了心中一切该想和不该想的东西，昏昏然、飘飘然，让人麻木、陶醉其中、乐不思蜀，早已置身于现实之外。最是人，令心醉，人以类聚，物以群分。没有想到团队的一行人志同道合，养心养眼，无意的组合却特别合心合意，都是些心仪的，倒好像是专为我挑选的，这也是冥冥之中有意和无意，有多年的老朋友，也有很想结识的新朋友。一路上侃侃而谈、欢声笑语，无疑给行程中带来了乐趣、营造一份好心情。青年才俊邓总学识丰厚、思维缜密、能言善语，一路上谈天说地，给我们讲他徒步的经历，绘声绘色，冲淡了长途坐车的疲劳和辛苦。端庄贤淑的蓉总相夫教女有道，不仅调教出德才俱佳的丈夫，还培养出优秀的海归女儿。还有风度翩翩的宣总，一声“老姐”叫得我好心疼，他是我同学的弟弟，如今同学已经故去，看到他，头脑里浮现出同学的音容笑貌，深深怀念那曾经过往的同学情谊。还有热情好客的新疆人最让人心醉，这些天碰到好多善良、大气、热情、豪爽的新疆人，给我留下非常美好的印象，这也是我留恋新疆、热爱新疆的理由之一。我还记得1987年在脑科医院进修时认识的“阿不列致”，一个能歌善舞、热情奔放的新疆维吾尔族医生，不知他现在何处？还有此次在博乐机场给我帮助的宗老板，一个江苏籍的疆二代，在乌市遇到的低调奢华的张总，还有淳朴厚道的司机小何夫妇，在尼勒克不断给我代酒的局长，等等，是我在新疆期间感到心怡舒适给我温暖的人。仅仅这几天我就遇到几位好人，可想而知新疆这样的好人肯定处处有、到处是，他们热心助人无私善良之举让每个来新疆的异乡人感激，他们的爱心凝聚城市精神，他们的行动为塑造城市形象添光加彩。

玉兰花开

第一次见到玉兰花是在电影《火烧圆明园》中，入宫前的慈禧名叫玉兰，为了渲染她的姿色与性格，镜头里便呈现出一株株玉兰树，开满了大朵洁白的玉兰花，端庄、大气、卓尔不群。从此玉兰留在我的记忆里，那还是80年代初期，正是花季的年龄。直到前几年我入住新的小区，发现了里面种植不少玉兰树，不仅有白色的，还有粉红色的，前几天居然看见还有嫩黄色的，娇艳欲滴，心中充满了欣喜。我们生活的周围也有了高贵的玉兰花，仿佛见到仙女下凡，白雪公主来到寻常百姓家。以后发现每进入三月，当阳光有了暖意，小草钻出泥土，玉兰花便缀满枝头，绽放着属于自己的生命与美丽，芬芳着整个三月。

这两年，我的生活节奏开始慢下来，不再急急忙忙步履匆匆，上班下班的途中我常常停下脚步看看路边的风景，才发现春天许多花都是先开花后长叶子的，像桃花、樱花、杏花等，玉兰花亦是如此。早春时节，倒春寒还在肆虐，周围一片荒芜，但就会惊奇发现光秃秃的玉兰花枝杆一夜之间露出尖尖角，然后不知是春风的多情还是春雨的温柔，会在一夜之间一树一树地绽放，突兀得让人惊讶。那天早上出门，看见小区内几株树杆杵立着，像伸长脖子的长颈鹿，抬头一看，枝头上缀满含苞待放的玉兰，她们裹紧曼妙的身体，如含羞的少女，不胜娇羞。我驻足流连，欣赏她们逐渐膨胀的过程，期待倾听花开的声音……我看的发呆，路边清洁工一声招呼“上班啦”提醒我，我才停止驻足，踏上上班的路。

前几天，与一个画花鸟的画家在一起，她带了不少学生，她说不仅要教会学生画画，还要教他们学会观察生活，比如观察玉兰花的颜色、形状，开花的过程，一共有几片花瓣。心想我如此喜爱玉兰花，甚为惭愧，至今不知道她到底有几片花瓣？那天，我特地早早回来，趁着天明，数一数，无奈玉兰个子太高，无法企及，只能抬头仰望，只见她一瓣一瓣包裹得很紧，直看到颈子酸痛，眼睛发花，也没有观察出她有几瓣花叶，后来还特地到方山去看玉兰，那儿的玉兰花挂得更高，更无法去数她有几片花瓣。顿时觉得这画家老师有点为难学生了。

我查过文献，玉兰花的花语是报恩，上海市把她作为市花。传说中还有一段凄美感人的故事：很久以前在张家界一个深山里，住着一家三姐妹，大姐叫白玉兰，二姐叫红玉兰，三姐叫黄玉兰，三姐妹天生丽质，美丽动人，而且侠骨仗义。龙王锁了盐库，不让老百姓吃盐，于是发生一场瘟疫，为了拯救老百姓，三姐妹与龙王斗智斗勇，终于降伏了龙王。后来为了纪念这三姐妹，在当地极为繁盛的树便被称为玉兰树。但我觉得既然传说故事发生在张家界，理应张家界将其列为市花才对，怎让上海先入为主呢？

玉兰花开在三月，而三月又是女人的季节，所以我觉得玉兰花也是女人花，做女人也要像玉兰花那样。

像玉兰花那样完美，从枝头长出花蕾到一夜之间的绽放，再到最后的凋零，她至始至终保持一种完美的姿态，那美得无瑕，无可挑剔，哪怕只剩下最后一片花瓣，她依然俏立枝头，直到最后谢幕。随即前赴后继，几乎没有间隙，绿叶冒出，似乎为她奠祭，也似乎是一种生命的接力。那是其他花无法比拟的，其他花到了凋零之际都已耷拉下来，玉兰却始终挺立着。做女人就要像玉兰花那样，不论何时何地都要保持完美的姿态，做精致女人，尽善尽美，不可随便懒散，随时保持端庄干净，直至优雅地老去。

像玉兰那样热列，玉兰花期很短，每一朵花只有十几天的时间，但开花时候尽力绽放，生命虽然短暂，却多姿绚烂。做女人也如此，女人有过青春，在时光侵蚀下会一天天老去，不可抗拒，但在生命过程中每一天每一个阶段都要活得热烈、活得精彩、活得辉煌，生活即使苛且，但要有诗和远方的田野。花开堪折直须折，莫待无花空折枝。

像玉兰花那样独立，不像樱花杏花桃花那样彼此相互簇拥着，每朵的美丽都湮没在一片花海之中，而玉兰却高调独立，独自俏立枝头，绽放美丽，虽然冷艳高贵，虽然孤芳自赏，虽然高不胜寒。但却颇具个性和独特。新时代的女性不是需要这种精神吗？做一名独立有主张的女性，做橡树旁边的一棵木棉，作为树的形象并列站在一起，不攀援不谄媚不重复，分担寒潮、风雷、霹雳，共享雾霭、流岚、虹霓。

西域之桥

我为做西域食品的朋友介绍了两个写手，一对双胞胎兄弟，可能是心有灵犀，他俩不约而同写了文章，一个写下了《西域之路》，另一个写下了《西域之恋》，读后我也心血来潮，想写篇《西域之桥》，缘起我在其中的牵线搭桥作用。因一直忙于工作，迟迟无空下笔，但《西域之桥》一直在我头脑中盘旋，这“桥”在我心中越来越宽、越来越多、越来越长！

做西域食品的朱总主业本就是做桥梁工程，可能习惯性思维，总脱离不了“桥”的影响，突然有经销新疆食品的念头，看似一软一硬，风马牛不相及的行业，但仔细一揣摩也是在做“桥”，是搭起新疆与江宁的贸易之“桥”。从此一发不可收，投入了极大的热情，大有不做好誓不罢休之势。有一天和他谈起，说起初衷：他多次去过新疆，爱上那里的一切，由于日照时间长、气候干燥加上昼夜温差等，因此新疆的水果和干果丰富而且汁多肉厚味甜，名闻遐迩，享誉全国。俗话说：“吐鲁番的葡萄哈密的瓜，库尔勒的香梨人人夸，叶城的石榴顶呱呱”，道出了新疆是久负盛名的“瓜果之乡”，瓜果品种繁多，质地优良，一年四季干鲜瓜果不绝于市；新疆的牛和羊喝的是天山雪水，吃的是冬虫夏草，呼吸的是蓝天白云的空气，其肉质必然优良纯正、肉味鲜美、肉质细腻，尤其是没有膻味。但是新疆由于路途之遥，普通老百姓望尘莫及，吃到正宗的新疆食品也不是轻而易举。于是他想起办一个贸易公司，让江宁本地人能吃上纯正的新疆食品，他下决心要搭起这样一座有利于民生健康的桥。

灵感的闸门一旦打开，就会激情迸发，点子喷涌而出，他想到另一座宏大的“桥”，江宁援疆工作组，这是搭起江宁与新疆的一座主体“桥”。近四年的援疆工作，取得累累硕果，江宁的干部得到了锻炼，新疆特克斯人民受益。何不通过这座“桥”连接起新疆食品通往江宁的流通渠道。听朱总介绍后，我也觉得是个非常不错的主意，于是我从中穿针引线，发挥着桥梁的作用，于是便有了早春时节的寻梦特克斯之旅。

特克斯是江宁援疆工作组所在地，也是我区对口帮扶县。建立江宁与西域的食品贸易渠道这一举措立刻得到援疆工作组的积极呼应和大力支持，工作组的领导和同志牵头召集农资供销部门商讨对策，一致要把这项双方受益的工作做好。负责组织优质货源，经过商量确定了“一红二黑”贸易主打，也是特克斯的一张名片，就是特克斯有名的阿克苏苹果、黑小麦和黑蜂蜜。特克斯县的供销社主任是位精明能干的女性，说话清脆悦耳、干净利落，做事风风火火、雷利风行，不但有酒量而且有胆量，说干就干。很快就联系了地方供应经销商李总，一位通达爽快的哈族汉子，他带我们参观了储藏苹果的冷库和黑蜂蜜生产作坊。当时正是早春季节，特克斯一片冰天雪地，自然无法去生产基地观赏，但看了天然的苹果储藏库，也让我们外地来客很惊讶，一箱一箱层层叠叠。第一次见到苹果是这样储藏的，拆开一箱看看，一个个通红粉透，还存刚采摘下来的娇艳，忍不住咬一口，崩脆崩脆；参观了黑蜂蜜生产小作坊，流程简单，虽然设备稍显粗糙和简陋，但这一切并不失黑蜂蜜高营养价值带来的诱惑，就好比山野里的村姑，本就是天然无雕饰的清新，因贫穷所以缺乏美丽的妆饰。特克斯一行，让我们看到经销西域食品的广阔前景。江宁官方前两年已宣布各项指标已迈入小康水平，人民需要提高生活质量，吃到健康无污染纯天然的食品是群众的第一需求。新疆的瓜果食品一向深受全国人民喜爱，只是路途遥远带来流通的不便，如今江宁有这么一个专门经销公司，岂不是件给江宁人民提供方便、带来福祉的好事！再说还引进特克斯独有的黑小麦和黑蜂蜜，只要做好的宣传和推广，西域食品公司的未来一定很好。

缘于朱总为人做事都好，大家都乐于助一臂之力。我们决定召集一帮文化人为企业宣传推广、出谋划策，特别是新疆特克斯的产品，它的特点符合目前老百姓追求高品质生活的需求，然而“养在深宫人未识”，所以需要大力宣传，把产品的特性原汁原味地介绍出去。做企业的一定要做文化，文化决定一个企业的品位，决定一个企业的高度，决定企业能走多远。文化不是急功近利的，文化的投入虽然短期看不到效益，但对企业发展有潜移默化的影响，坚持企业经营与健康文化共伴共生，其效益必定是不可估量的。都是说文化搭台，经济唱戏，文化更像是一座桥，是架起企业和市场的桥、企业与社会的桥、企业与消费者的桥。

这让我想起古丝绸之路，起始于古代中国，连接亚洲、非洲和欧洲的古代陆上商业贸易路线。起始于西汉都城长安，穿过河西走廊，通过玉门关和阳关，抵达新疆，然后沿绿洲和帕米尔高原通过中亚、西亚和北非，最终抵达非洲和欧洲，是一条东方与西方之间经济、政治、文化进行交流的要道。它的最初作用是运输中国古代出产的丝绸，德国地理学家将之命名为“丝绸之路”，不久前成功申报世界文化遗产。我觉得西域之桥与丝绸之路有异曲同工之处，但愿江苏西域食品公司能够架起江宁通往新疆特克斯友谊、经济、社会之桥，为众多百姓搭起健康养生之桥，我们有关部门和各界朋友为江苏西域公司发展架起一座希望之桥！让这位本身就做路桥工程的老总“桥上添花”！

年老后，将与谁为伴？

又将迎来农历新年，心中徒然涌起一丝恐慌，五十多啦，是向六十岁奔跑的人啊！是否该提前规划老年的人生呢？每每想到此，孤独和寂寞感在全身弥散。我们是响应国家政策“只生一个孩子”计划生育的一代，也是特殊的一个社会群体，待我们走向年老时，我们是否会比一般老人更多一份精神上的无依无着呢？老了，谁与我为伴？这是个问题！

小时候，没有死亡的概念，总认为爸爸妈妈永远是我的陪伴，妈妈曾多次不无忧虑地说过：“桂子啊，就你独女儿，将来我们死后你也没个姐姐妹妹相互照应，怎么办呢”，我说爸爸妈妈永远不会死的，会一直陪着我的。可在我四十二岁的那年，爸妈还是撒手人寰，离我而去，从此感到没有爸妈就没了家，没了精神上的依靠；结婚成家以前，我憧憬爱人是我永远的陪伴，可在油盐柴米婚姻生活磨炼中、在看多了周围分分合合中才渐渐懂得，配偶之间有些距离留些空间或许能走得更久更远。丈夫丈夫，一丈之内为夫。孔子说过：“唯女子与小人难养也，近之则不逊，远之则怨。”其实何止女人和小孩呢？男人也如此，这是人性之弱点，所以人际相处中才留下“远香近臭”和“夫妻小别胜新婚”之俗语。有亲密无间的恋人，永远没有亲密无间的夫妻。相依相伴白头到老也是很奢侈的婚姻，因此我们可以期待，可以努力，但不能依赖；有了孩子后，凭着一根脐带的血脉相连，我骄傲地相信，女儿将永远是我的贴心小棉袄，是我永远的陪伴！于是一口水一口饭喂她，一把屎一把尿养她，巴望她一天天地长大长高，高到能够搭着她的肩膀、能够搂住她的脖子、能够拦着她的腰，然后成为我的依靠。当女儿高出我半个头时，有一天她突然说："妈妈我要出去上学，我不能像你们一样一辈子待在江宁这块地方。"于是她背起行囊，向我们招招手，毅然决然走上北上的列车。看着她那渐行渐远的背影，心中涌动一阵酸楚，儿大不由娘啊！原来孩子也不是父母永久的陪伴！

我们拥有一份属于自己的工作，现在进行时！大部分的时间和精力都投入工作岗位，有职业的陪伴，因而是幸福着的，是美丽着的！不久的将来，我们逐渐老了，退出职业的舞台，谁是我的陪伴？这确实是个需要思考问题！古人说人无远谋必有近忧，如果我们不未雨绸缪，提前筹划好退休后的人生，当那天我们突然要从岗位上悄然离去，必定会惊慌失措，被失落空虚感所俘虏。于是我展开想象的翅膀，为自己的未来、为今后三十年的人生描绘一幅不算宏伟的蓝图：

我将与自己的爱好为伴。我要主宰自己后三分之一的人生，我可以去上老年大学，安静地坐在课堂，享受自己的最爱。可以学书法，可以学唱歌，还可以学涂鸦。啊呀，想学的东西真的很多，还得有所选择，学有所长，术有所攻，补年少时之憾事，圆少年之梦想。我还可以静静坐在窗口，心无旁骛，看窗外花开花落，观天上云卷云舒，让如烟的往事在我的笔端下流淌；我还可以背起行囊，来一次说走就走的旅行，体验独自走天下，有什么可以想什么可以不想的潇洒。

我将与所属的社团为伴。按照心理学家马斯洛理论，人有五个层次需要：一是生理需要；二是安全需要；三是爱和归属的需要；四是尊重的需要；五是自我实现的需要。待我年老时，我想"归属的需要"更为迫切，当人置身一个社团一个组织时就会觉得自己是安全的，是属于大家庭中的一员，就会弥补老年后越加弥重的孤独感。所以我要选择适合自己的社团，成为其中的一员，找到自我，沟通交流，发挥余热，服务社会，愉悦身心！

我将与老友为伴。老友不分性别，既要有知心的闺蜜，又要有能谈得来的蓝颜知己，隔三岔五，喝喝茶聊聊天，或者相约去远足，还可以吐吐心中的不快，说说生活中的烦恼。据美国心理学家最新研究发现，年老了，每个人至少需要16个老伴，这个老伴不是指配偶，而是指陪在身边的伙伴，这样才能满足老年后精神生活的需求。当然，我还要与自己配偶为伴，相互扶持，争取白头到老，到了年老，配偶还是最好的陪伴，同居一室，有个头痛脑热的，还是近在身边的好。配偶不能依赖，但还是最终的依靠，所以从现在开始，我就要与配偶琴瑟和谐，为今后老有所依进行感情投资。

我还有女儿为伴，女儿不一定陪伴我身边，她以及她将来的子女永远是我精神的陪伴，是我一生的牵挂！

细数流年，光阴似箭；细数老年，谁将为伴？一一数来，还真不少！对未来生活我信心满满，当夕阳西下，晚霞依然绚烂！

独爱古井

古村古木古屋等古迹中，我独爱那口古井，每每于庭院、废墟、荒郊野岭中遇见，总要回眸多看她一眼。

爱她始终不渝的坚守，坚守那方出生的土地，一辈子不离不弃，尽管风云变幻，尽管沧海桑田，我自岿然不动。

她是母亲的乳房，吸纳着日月精华，抽取土壤的汁髓，酿成清澈和甘冽，养育身旁的一代一代的生命。她博大无私，向天地慷慨地敞开胸怀，奉献自己的乳汁，润泽万物，惠及一方百姓，不论是路人乞丐，还是达官贵人。

几十方寸的口径，却有深不可测的城府，源源不断的清流，取之不尽，用之不竭，舀了又舀，总有舀不完的财富。多少个阴晴圆缺、星转斗移、多少日出日落、春去秋来，她调节着人间的温度，严寒中舀出来的是几许温暖，酷暑中舀出来的是一丝清凉。

穿越世纪的风雨，岁月侵蚀她的肢体，虽然伤痕累累，满目疮痍，我们见到的是槁木般的面容，可她的内心却翻滚着热情，活力涌动，永远流淌的是不老的青春。

她是个内敛女子，虽不能用脚步丈量土地，虽不能用双足行走天涯，她却不出户知天下，饱尝人间冷暖，笑纳世事浮华。漫漫长夜里她寂寞地思考，悠悠岁月中她耕耘她酝酿，修练出如今宠辱不惊的从容大度，任天上云卷云舒，观身旁花开花落。

古井，无关衰败，唯有沧桑；古井，无关陈腐，活力无穷；古井，富有内涵，气度不凡。

今冬的雪

整整一个冬天
我都在等
等你如仙子般的飘来
旷野的风
穿过守望的季节
凝固成无言的相思

整整一个晚上
我都在等你
等你如白玉般的身体
思念的泪滴
在冷冷的寒夜
结成长长的冰凌

那一早我一睁眼
你裸露的玉体让我惊喜
我紧紧地拥抱你
可我滚热的心吓跑了你
留给我一声叹息

又是一阴雨绵绵的日子

我坐在窗前想着你

隔着玻璃我突然看见

窗外飘飘洒洒　满天飞絮

我冲出门外　追逐你

你上下飞舞　像只蝴蝶

我伸手去捉　握在手心

一阵冰凉流淌手的缝隙

哎

你已不属于我的知己

你是人间天使

你是天上的精灵

你已是冬天的奢侈

致枫叶

一直以来
你寂静无声
终于蓄足力量
在此刻绽放

在山中
在公园
在路边
你用一抹嫣红妆饰秋天的精彩

在伟岸的银杏身旁
你瘦弱娇小
却用火样的热烈
蓬勃着秋天

在挺拔的翠竹身边
你有弯曲的身躯
却用不屈的气质
诠释秋天的精神

在飘香的桂花身旁

你默默无闻
却用鲜红的汁液
写尽人间的相思

你不与百花争艳
你不如绿柳妩媚
你没有冬雪般飘逸
在万木凋零的秋季
你却用独艳传递生命的力量

冬　雨

盼望雪的季节
却飘起绵绵细雨
淅淅沥沥
濡湿头发
渗透入肤肌

好温柔的冬雨啊
以润物无声的精神
让草木卯足了劲
期待生命的轮回中
再次涌动春潮

好残酷的冬雨啊
以点点滴滴汇聚的力量
撼动着树干
让已不多的叶子
放弃最后的坚守

好多情的冬雨啊
冬眠的鸟儿
倾巢出动
在寂静的山林中
唱起冬日的恋歌

好媚惑的冬雨啊
轻轻地一撒娇
天地一团氤氲
暧昧了方向
迷离了心灵

冬雨中
枫叶以褪色的姿态蜷缩着
向行人诉说曾经的热烈
桂花树依然翠绿
不时散发清香
还有许多叫不上名的树木
光着枝丫　挺直躯干
迎着冬雨的检阅

清晨，蜿蜒起伏的山路
陆续奔跑着一些
和我一样
不畏严寒
不畏风雨
或朋友结伴
或夫妻并蒂
或踽踽独行

沐浴冬雨
目睹冬雨
让人欢喜
让人忧

梅娘子

梅娘子
是个妖婆
她从天上来
每年这个时候如约而至
难道她也是绛珠仙子
为了神瑛侍者的灌溉
以泪报恩
下凡还愿
她简直就是多变的女人
时而温柔
如恋爱少女
缠缠绵绵
时而泣诉
如闺中怨妇
喋喋不休
时而暴发
如河东师吼
瓢泼成河
奈何不了哟
由她任性

直让她泪干缘尽

回到天上

再为仙

咏残荷

也曾妖娆过
也曾绚烂过
在岁月的淘洗中
你褪去娇颜
在流年的磨砺中
你折弯了身姿
雨雪中坚守
寒风中铿锵
任凭世间混浊
你执着高洁
你把精血融化在水中
濡养未来的希望

婚姻在路上

在路上
我遇见了你
因为相同的目标
相约一起走
讲讲话
嘻嘻哈哈
微风吹拂
心如石榴开花
渐渐地
步履不再一致
你怪我步子太小
我心中多了埋怨
你我之间有了距离
是你不知不觉地快了
还是我不知不觉慢了
其实无须纠结
只要心有共鸣
我赶一步
你慢下来
你我依旧并肩同行

写给意外离世的同学

刚得到你升职的喜讯
又闻知你不幸的消息
这一悲一喜中
无法让情感转换

你是天之骄子
你是人间宠儿
你一路走来
要风得风
要雨有雨
让同学羡慕嫉妒恨

有谁知道你光鲜的背后
还有哪些解不开心结
还有多少迈不过的坎
还有什么难言的忧愁

这些我们不知道
但肯定有
否则你不会
在你五十英华的年纪
纵身一跃

把自己埋葬在最美四月春天里

你怎么舍得抛弃一双儿女
怎么忍心把幼小的儿子
交给年轻柔弱的妻子
你想象过白发人送黑发人
那种撕心裂肺

你平时宽厚大气不该如此自私
你一贯儒雅洒脱不会这么纠结
谁会把这种告别人世的方式
与你那俊朗伟岸的形象联系在一起

你经过不眠之夜的煎熬
在一个春雨滋润过的早晨
从高楼飘然而下
挥挥手　不带走一片云彩
留给同学无尽的哀思和怀念。

相约中秋

月和桂有个美丽的邂逅
相聚在八月的中秋
于是就有了花好月圆的注脚

从此桂便在月中驻足
月是桂的归宿
桂是月的支柱

月和桂相依相伴
月让桂树影婆娑
桂让月清辉留香

吴刚每次伐桂
撞击月的心扉
桂的坚韧让月有了抚慰

桂把自己揉碎洒向人间
香飘阡陌街巷
无华的品质唯有月可以见证

每一次的月圆月缺
等待着花开花落
终于在八月十五写下美满传说

后　记

自《轻描淡写》出版以后，很想知道读者对文章的真实反应，无奈只听到一面之词，都是好评和称赞，当然这是不可能的。但是这种表扬和肯定却激发我不断写作的热情和动力，受到某事情的触动我会有感而发，完成了一项工作我会写写感想，平凡的一天就要过去时我也忍不住地抒发自己的感情。每每写完这些发自心灵的文字，我也会通过微信博客发送出去与好友分享，常常引来大家的关注。如果有段时间不写，朋友没有看到我的文章就会发来问候。这使我不敢怠慢，鼓励我不停地写。有的好朋友还会给我出命题作文，要求必须按规定时间写出，并且写好后还要给予客观真诚的点评。从此我的写作多了一个理由，以前都是为自己而写，写出来自心灵的声音，现在常常为他人写，写给他人看，因此必须写积极向上的东西，要传递正能量。因而这两年写作虽说质量不高但是数量也不少，搜集整理也凑够一本小册子，再次以“丑媳妇总要见公婆”的心态，将拙作呈现给大家。

在社会竞争日益激烈的当下，人们承受的压力也越来越大，心理健康和身体健康面临着威胁，作为一名曾经的医学心理工作者，建议大家从放缓脚步开始，减慢生活节奏，遵循自然规律，追求水到渠成，一切不要急，慢慢地。

非常感谢中国书法家协会副主席、江苏省书法家协会主席孙晓云百忙之中题写书名，为本书增添华彩贵气。感谢朋友、同事们不断的鼓励和支持，感谢文友和文学前辈精心的指点，特别是海狼老师不断给予文字上的润色、修改并致序，同时还为此书的出版前后忙碌奔波，付出心血和汗水，在此鞠躬致谢！一并感谢为本书出版付出辛苦做出贡献的所有人！